de Gruyter Lehrbuch

Hornfeck · Lucht · Mathematik

Einführung in die Mathematik

von

Dr. Bernhard Hornfeck
o. Professor an der TU Clausthal

Dr. Lutz Lucht
Assistent an der TU Clausthal

Walter de Gruyter & Co · Berlin 1970

vormals G. J. Göschen'sche Verlagshandlung · J. Guttentag, Verlagsbuchhandlung · Georg Reimer · Karl J. Trübner · Veit & Comp.

 Archiv-Nr. 12 44 70 1 – Satz: IBM-Composer, Walter de Gruyter & Co. – Druck: J. Schönwald KG, Berlin – Printed in Germany

Vorwort

Dieses Buch gibt den Inhalt einer Vorlesung wieder, die seit einiger Zeit in jedem Semester an der Technischen Universität Clausthal gehalten wird. Es wird der Versuch unternommen, zwischen der Schulmathematik und den Grundvorlesungen der ersten Semester eine Brücke zu schlagen, die den Beginn des Studiums der Mathematik als Haupt- oder Nebenfach erleichtert.

Diesem Konzept ist die Stoffauswahl angepaßt. Grundlegende mathematische Sätze und Techniken werden mit ihren Anwendungen ausführlich besprochen. Es handelt sich dabei vielfach um Dinge, die in den anderen mathematischen Vorlesungen zwar ständig gebraucht, aus Zeitmangel aber dort nicht vertieft werden können. Dies betrifft in der Regel Studierende der Mathematik ebenso wie Naturwissenschaftler, die Mathematik als Nebenfach haben.

So wendet sich das vorliegende Buch zunächst an die Studienanfänger. Es kann aber auch von angehenden Abiturienten benutzt werden, die sich auf ihr Studium vorbereiten wollen. Damit sich der Text zum Selbststudium eignet, sind Aufgaben eingefügt und ihre Lösungen am Schluß zusammengestellt.

Wir danken Frau Almut Hornfeck für die Reinschrift des Manuskripts und dem Verlag für die Herausgabe unseres Buches.

B. Hornfeck
L. Lucht

Inhaltsverzeichnis

§1 Grundlagen

(1.1) Zur Beschreibung mathematischer Sachverhalte bedarf es einer Sprechweise, die die Ungenauigkeiten der normalen Umgangssprache vermeidet. Wir werden also genau darzulegen haben, was wir unter gewissen Begriffen verstehen wollen. Die Notwendigkeit solcher Vereinbarungen zeigt etwa der umgangssprachliche Gebrauch des Wortes „oder". In der deutschen Sprache wird es sowohl in der Bedeutung verwendet, daß genau eine von zwei Möglichkeiten im Sinne des lateinischen aut. . .aut zutrifft, als auch, daß mindestens eine von zwei Möglichkeiten im Sinne des lateinischen vel zutrifft. Mehrdeutigkeiten dieser Art können wir uns nicht leisten; wir werden „oder" stets in der letztgenannten Bedeutung benutzen.

Verabredungen mathematischer Vokabeln bezeichnen wir als *Definitionen.* Jedes sinnvolle sprachliche Gebilde, das entweder falsch oder wahr ist, nennen wir eine Aussage und eine wahre mathematische Aussage einen *Satz.* Um die Richtigkeit einer Aussage festzustellen, bedarf es eines Beweises. Wir sagen von einem Satz, er sei bewiesen, wenn er durch logische Schlüsse auf bereits bekannte Sätze zurückgeführt ist. Offenbar können wir diesen Prozeß nicht unbegrenzt fortsetzen. Deshalb ist es erforderlich, zu Beginn einer mathematischen Theorie ein System von Aussagen als wahr anzunehmen. Solche Aussagen bezeichnen wir als *Axiome.* Axiome gehen als ziemlich willkürliche Setzungen in die Mathematik ein. Sie sind nur dann mathematisch brauchbar, wenn sie widerspruchsfrei sind, das heißt, es darf nicht möglich sein, aus einem vorgelegten Axiomensystem einen Satz und zugleich sein Gegenteil abzuleiten. Solche Untersuchungen sowie die Präzisierung dessen, was wir zum Beispiel in den Begriffen „wahr", „falsch", „logisches Schließen" als intuitiv bekannt vorausgesetzt haben, sind Aufgaben der mathematischen Logik. Wir gehen darauf nicht weiter ein.

(1.2) Mathematische Sätze werden uns in verschiedenen Aussageformen begegnen. Zu ihrem Verständnis ist es daher unumgänglich, die Formulierungsmöglichkeiten zu kennen. Sie alle beruhen nur auf dem exakten Gebrauch der deutschen Sprache.

Sind A und B beliebige Aussagen, so bedeutet $A \Rightarrow B$ die Aussage „wenn A, so B"; wir sagen dafür auch

$A \Rightarrow B$	wenn A, so B,
	aus A folgt B,
	A ist hinreichend für B,
	B ist notwendig für A,
	A nur wenn B,
	B wenn A.

Wir nennen A die Voraussetzung, B die Behauptung der *Implikation* $A \Rightarrow B$. $A \Rightarrow B$ besagt lediglich, daß jedesmal, wenn A wahr ist, auch B wahr ist. Insbesondere wird in dem Fall, in dem A falsch ist, überhaupt nichts ausgesagt. Es brauchen also weder A noch B wahr zu sein. Anstelle von $A \Rightarrow B$ schreibt man mitunter auch $B \Leftarrow A$; beides bedeutet dasselbe. Ist zum Beispiel A die Aussage $x = 1$, B die Aussage $x^2 = 1$, so gilt $A \Rightarrow B$. Hier ist $A \Leftarrow B$ nicht wahr, denn $x^2 = 1$ besitzt neben $x = 1$ noch die Lösung $x = -1$.

Entsprechend bedeutet $A \Leftrightarrow B$, daß sowohl $A \Rightarrow B$ als auch $A \Leftarrow B$ gelten. Wir können das auch so ausdrücken:

$A \Leftrightarrow B$ notwendig und hinreichend für A ist B,
B gilt dann und nur dann, wenn A gilt,
B gilt genau dann, wenn A gilt,
B ist gleichwertig mit A.

Aussagen dieser Art sind mathematisch besonders bequem, denn sie gestatten den Austausch der Aussage A gegen B oder umgekehrt. In unserem obigen Beispiel ist, wie schon festgestellt, $A \Leftrightarrow B$ nicht wahr.

Ist A eine Aussage, so erhalten wir durch *Negation* die neue Aussage $\overline{A}$, das heißt „nicht A". Auf Grund unseres Sprachgebrauches ist klar, daß $\overline{A}$ jedesmal dann wahr sein soll, wenn A falsch ist, und daß $\overline{A}$ jedesmal dann falsch sein soll, wenn A wahr ist. Genau eine der beiden Aussagen A, $\overline{A}$ ist also wahr. Es sei erwähnt, daß es eine kleine Gruppe von Mathematikern gibt, die nicht von der Richtigkeit dieser Alternative ausgehen. Die von ihnen vertretene Richtung der Mathematik heißt Intuitionismus.

Wir betrachten nun eine Aussage der Form $A \Rightarrow B$ mit dem Ziel, sie gleichwertig zu kennzeichnen. Wenigstens eine der beiden weiteren Aussagen $\overline{B} \Rightarrow \overline{A}$, $\overline{B} \Rightarrow A$ ist wahr. $\overline{B} \Rightarrow A$, $A \Rightarrow B$ können aber nicht zugleich wahr sein, denn die Aussage „$\overline{B}$ und B" ist stets falsch. Daher gilt $[A \Rightarrow B] \Rightarrow [\overline{B} \Rightarrow \overline{A}]$, und die Anwendung dieser Implikation auf die Aussage $\overline{B} \Rightarrow \overline{A}$ liefert weiter $[\overline{B} \Rightarrow \overline{A}] \Rightarrow [A \Rightarrow B]$, insgesamt

$$[A \Rightarrow B] \Leftrightarrow [\overline{B} \Rightarrow \overline{A}].$$

Die Aussagen $A \Rightarrow B$, $\overline{B} \Rightarrow \overline{A}$ sind also gleichwertig. Dies ist das wichtige Schema des *indirekten Beweises*: Wollen wir nachweisen, daß B aus A folgt, so dürfen wir stattdessen $\overline{A}$ aus $\overline{B}$ folgern. Mitunter ist das einfacher.

(1.3) Unter einer *Menge* verstehen wir die Zusammenfassung von bestimmten wohlunterschiedenen Objekten zu einem Ganzen. Diese Objekte heißen auch Elemente der Menge. Wir schreiben $m \in M$, wenn m ein Element der Menge M ist, und sagen auch, m liegt in M oder m gehört zu M. Andernfalls schreiben wir $m \notin M$. Wir geben eine Menge M explizit an, indem wir ihre Elemente in geschweiften Klammern aufzählen oder deren Gesamtheit durch Eigenschaften beschreiben. Beispielsweise enthält $M = \{1, 2, 3\}$ die Elemente 1, 2, 3; $N = \{(x, y) : x, y \text{ reell}, x^2 + y^2 = 1\}$ ist die Menge aller Punkte (x, y) des Einheitskreises. Auf die Reihenfolge, in der die Elemente aufgeführt werden, kommt es nicht an. Enthält eine Menge überhaupt keine Elemente, so heißt sie leer. Wir bezeichnen die leere Menge mit $\mathbf{L}$; üblicher ist allerdings $\emptyset$ oder einfach O. Auch für einige andere Mengen, die wiederholt auftreten werden, wählen wir feste Bezeichnungen: Es seien

$\mathbf{N} = \{1, 2, 3, \ldots\}$ die Menge der natürlichen Zahlen,
$\mathbf{Z} = \{0, 1, -1, 2, -2, \ldots\}$ die Menge der ganzen Zahlen,
$\mathbf{Q} = \{\frac{m}{n} : m, n \in \mathbf{Z}, n \neq 0\}$ die Menge der rationalen Zahlen,
$\mathbf{R}$ die Menge der reellen Zahlen, aufgefaßt als Dezimalbrüche.

Diese Mengen sowie das Rechnen in ihnen setzen wir als bekannt voraus.

Die Anzahl der Elemente einer Menge M sei $|M|$. Bei unendlichen Mengen schreiben wir $|M| = \infty$; sonst ist $|M|$ eine nichtnegative ganze Zahl und speziell $|\mathbf{L}| = 0$.

Ist jedes Element der Menge A auch Element der Menge B, so heißt A *Teilmenge* von B, in Zeichen: $A \subset B$. Wir sagen auch, A ist in B enthalten oder B umfaßt A. Für jede Menge M gilt speziell $M \subset M$ und $\mathbf{L} \subset M$. Zwei Mengen heißen einander gleich, wenn sie aus denselben Elementen bestehen:

$$A = B \Leftrightarrow A \subset B \text{ und } B \subset A.$$

Wollen wir ausdrücken, daß $A \subset B$, aber $A \neq B$ gilt, so sagen wir, A ist *echte Teilmenge* von B.

Unter der *Vereinigung* $A \cup B$ zweier Mengen A, B verstehen wir die Menge aller Elemente aus wenigstens einer der Mengen A oder B:

$$A \cup B =_{Df} \{x : x \in A \text{ oder } x \in B\}.$$

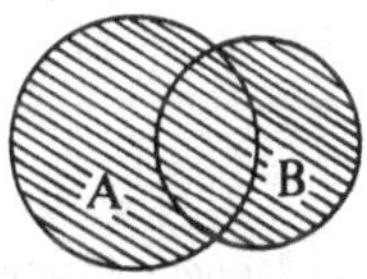

$A \cup B$ ist schraffiert dargestellt.

Durch das Zeichen „$=_{Df}$" (lies: definitionsgleich) weisen wir darauf hin, daß die linke Seite nur eine andere Bezeichnung für die rechte ist oder umgekehrt.

Den *Durchschnitt* $A \cap B$ zweier Mengen A, B definieren wir durch

$$A \cap B =_{Df} \{x : x \in A \text{ und } x \in B\}.$$

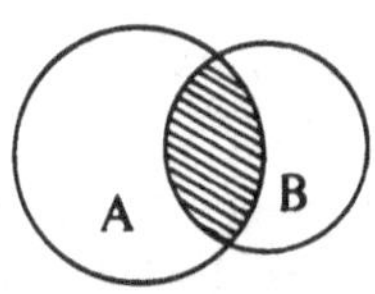

$A \cap B$ ist schraffiert dargestellt.

Gilt $A \cap B = \mathsf{L}$, so heißen A, B *elementefremd* oder *disjunkt*.

Zur Bestätigung der folgenden Rechenregeln zeigt man jeweils die elementweise Übereinstimmung der Mengen beiderseits des Gleichheitszeichens. Das ist eine Sache des exakten Umganges mit „und", „oder".

(1) $(A \cup B) \cup C = A \cup (B \cup C)$, $(A \cap B) \cap C = A \cap (B \cap C)$ — Assoziativgesetze

(2) $A \cup B = B \cup A$, $A \cap B = B \cap A$ — Kommutativgesetze

(3) $A \cup (A \cap B) = A$, $A \cap (A \cup B) = A$ — Absorptionsgesetze

(4) $A \cup (B \cap C) = (A \cup B) \cap (A \cup C)$, $A \cap (B \cup C) = (A \cap B) \cup (A \cap C)$ — Distributivgesetze

Die Assoziativgesetze erlauben das klammerfreie Aufschreiben von Vereinigung bzw. Durchschnitt beliebig vieler Mengen. Wir setzen abkürzend

$$A_1 \cup A_2 \cup \ldots \cup A_n = \bigcup_{\nu=1}^{n} A_\nu, \quad A_1 \cap A_2 \cap \ldots \cap A_n = \bigcap_{\nu=1}^{n} A_\nu$$

und lassen durch $\bigcup_{\nu=1}^{\infty} A_\nu$, $\bigcap_{\nu=1}^{\infty} A_\nu$ auch die Vereinigungs- bzw. Durchschnittsbildung unendlich vieler Mengen zu.

Eine ganz andersgeartete Verknüpfung zweier Mengen A, B ist das *cartesische Produkt* $A \times B$ (*R. Descartes,* 1596–1650):

$$A \times B =_{Df} \{(a, b): \ a \in A, \ b \in B\};$$

es besteht also aus allen Paaren (a, b), deren erste Komponente a aus A und deren zweite Komponente b aus B stammt; $(a, b) = (a', b')$ gilt genau dann, wenn $a = a'$ und $b = b'$ ist. Entsprechend wird das cartesische Produkt mehrerer Mengen definiert. Anschaulich bedeutet $\mathbf{R}^2 =_{Df} \mathbf{R} \times \mathbf{R}$ die Menge aller Punkte der Ebene.

(1.4) Eine Vorschrift f, die jedem Element a einer Menge A genau ein Element b einer Menge B als Bild zuordnet, heißt eine *Abbildung* (Funktion) von A in B. Wir schreiben $f: A \to B$ und bezeichnen das Bild $b \in B$ von $a \in A$ mit $b = f(a)$. Beispiele für Abbildungen sind

1) $f: \mathbf{R} \to \mathbf{R}$ vermöge $f(x) = \sin x$ für jedes $x \in \mathbf{R}$,
2) $f: \mathbf{R}^2 \to \mathbf{R}$ vermöge $f((x, y)) = x$ für jedes $(x, y) \in \mathbf{R}^2$,
3) $f: \mathbf{R} \to \mathbf{R}$ vermöge $f(x) = \operatorname{arctg} x$ für jedes $x \in \mathbf{R}$,
4) $f: \mathbf{R} \to \mathbf{R}$ vermöge $f(x) = x^3$ für jedes $x \in \mathbf{R}$.

Wie die Beispiele 1) und 3) zeigen, braucht zu vorgelegtem $b \in B$ kein $a \in A$ mit $b = f(a)$ zu existieren. Eine Abbildung $f: A \to B$, bei der jedes $b \in B$ als

Bild auftritt, heißt Surjektion, *surjektive Abbildung* oder *Abbildung* von A *auf* B. Die Abbildungen f aus den Beispielen 2) und 4) sind surjektiv. Gibt es zu vorgelegtem $b \in B$ ein $a \in A$ mit $f(a) = b$, so muß es nicht eindeutig bestimmt sein; jedes a mit $f(a) = b$ heißt ein *Urbild* oder *Original* von b. Eine Abbildung $f: A \to B$, bei der jedes $b \in B$ höchstens einmal als Bild auftritt, für die also aus $f(a) = f(a')$ stets $a = a'$ folgt, heißt Injektion, *injektive Abbildung* oder *eineindeutige Abbildung* von A in B. Die Abbildungen f aus den Beispielen 3) und 4) sind injektiv, die anderen hingegen nicht. Eine eineindeutige Abbildung $f: A \to B$ von A auf B, also eine Abbildung, die sowohl surjektiv als auch injektiv ist. nennt man auch *bijektiv* oder *umkehrbar eindeutig*.

Es sei f eine Abbildung von A in B und $M \subset A$; dann heißt

$$f(M) =_{Df} \{f(x): x \in M\}$$

das Bild der Menge M. Offenbar ist f genau dann surjektiv, wenn $f(A) = B$ ist. Ist $N \subset B$, so nennen wir

$$f^{-1}(N) =_{Df} \{x: x \in A, f(x) \in N\}$$

die Urbildmenge von N.

Dann und nur dann besitzt jedes $b \in B$ genau ein Urbild $a \in A$ mit $f(a) = b$, wenn f bijektiv ist:

$$a =_{Df} f^{-1}(b);$$

die so definierte Abbildung $f^{-1}: B \to A$ heißt die *Umkehrabbildung* von $f: A \to B$.

In naheliegender Weise nennen wir zwei Abbildungen $f_1: A \to B$, $f_2: A \to B$ einander gleich, in Zeichen: $f_1 = f_2$, wenn $f_1(a) = f_2(a)$ für jedes $a \in A$ gilt: Die Abbildungen f_1, f_2 haben auf jedes $a \in A$ die gleiche Wirkung.

(1.5)

Aufgabe 1: A und B seien Aussagen. Man beweise

$$[A \Rightarrow B] \Leftrightarrow [(A \text{ und } \overline{B}) \Rightarrow \overline{A}].$$

Aufgabe 2: Man beweise die Gültigkeit der Distributivgesetze aus (1.3): Sind A, B, C Teilmengen einer Menge R, so gilt

$$A \cup (B \cap C) = (A \cup B) \cap (A \cup C), \quad A \cap (B \cup C) = (A \cap B) \cup (A \cap C).$$

Aufgabe 3: A, B, C seien Teilmengen einer Menge R; dann gilt

$$(A \cap B) \cup (B \cap C) \cup (C \cap A) = (A \cup B) \cap (B \cup C) \cap (C \cup A).$$

Beweis?

Aufgabe 4: A, B, C seien endliche Teilmengen einer Menge R. Man zeige

$$|A \cup B| = |A| + |B| - |A \cap B|$$

und leite daraus eine entsprechende Formel für $|A \cup B \cup C|$ her.

Aufgabe 5: Es sei R eine Menge und $T \subset R$; $T' =_{Df} \{r: r \in R, r \notin T\}$ heißt das *Komplement* von T in R. Man zeige:
a) $(T')' = T$, $T \cup T' = R$, $T \cap T' = \mathbf{L}$;
b) $A, B \subset R \Rightarrow (A \cup B)' = A' \cap B'$, $(A \cap B)' = A' \cup B'$.

Aufgabe 6: Es seien f eine Abbildung der Menge A in die Menge B und $M, N \subset A$. Man beweise
a) $f(M \cup N) = f(M) \cup f(N)$,
b) $f(M \cap N) \subset f(M) \cap f(N)$
und gebe ein Beispiel dafür, daß in b) nicht notwendig das Gleichheitszeichen steht.

Aufgabe 7: A und B seien Mengen, f eine Abbildung von A in B, $M \subset A$ und $N \subset B$. Dann gilt
a) $M \subset f^{-1}(f(M))$,
b) $N \supset f(f^{-1}(N))$.
Beweis?

§ 2 Summen- und Produktzeichen

(2.1) Für Summen und Produkte endlich vieler reeller Zahlen wollen wir abkürzende Bezeichnungen einführen. Ihre Nützlichkeit wird sich bald zeigen.

Es sei f eine Abbildung von $\mathbf{Z}$ in $\mathbf{R}$; m, n seien ganze Zahlen und zunächst m kleiner oder gleich n, in Zeichen: $m \leqslant n$ oder $n \geqslant m$. Wir setzen

$$(*)\qquad \begin{aligned} f(m) + f(m+1) + \ldots + f(n) &=_{\mathrm{Df}} \sum_{\nu=m}^{n} f(\nu), \\ f(m) \cdot f(m+1) \cdot \ldots \cdot f(n) &=_{\mathrm{Df}} \prod_{\nu=m}^{n} f(\nu). \end{aligned}$$

Die rechter Hand stehenden Symbole Σ (Sigma) für Summe, Π (Pi) für Produkt sollen also ausdrücken, daß die Zahlen $f(\nu)$ zu addieren bzw. zu multiplizieren sind, wobei der Parameter ν jeweils die ganzen Zahlen von m aufsteigend bis n durchläuft. Seine Benennung ist gleichgültig; zur Vermeidung von Mehrdeutigkeiten ist lediglich darauf zu achten, daß als Parameter nicht gerade einer der Buchstaben n oder m verwendet wird.

Für ganze Zahlen m und n, wobei jetzt n kleiner als m ist, in Zeichen: $n < m$ oder $m > n$, stehen linker Hand in $(*)$ überhaupt keine Summanden bzw. Faktoren da. Wir setzen noch die „leere Summe" bzw. das „leere Produkt" für $n < m$ durch

$$\sum_{\nu=m}^{n} f(\nu) =_{\mathrm{Df}} 0, \quad \prod_{\nu=m}^{n} f(\nu) =_{\mathrm{Df}} 1$$

fest. Das wird sich als zweckmäßig erweisen.

Unmißverständlich ist auch die gelegentlich benutzte Schreibweise

$$\sum_{m \leqslant \nu \leqslant n} f(\nu), \qquad \prod_{m \leqslant \nu \leqslant n} f(\nu).$$

Analog schreiben wir Summen und Produkte indizierter Größen, zum Beispiel

$$a_1 + a_2 + \ldots + a_k = \sum_{\kappa=1}^{k} a_\kappa, \quad a_1 \cdot a_2 \cdot \ldots \cdot a_k = \prod_{\kappa=1}^{k} a_\kappa.$$

Für das Produkt der ersten n natürlichen Zahlen geben wir noch die Definition:

Für $n \in \mathbf{N}$ sei $n! =_{\mathrm{Df}} \prod_{\nu=1}^{n} \nu = 1 \cdot 2 \cdot 3 \cdot \ldots \cdot n$ (lies: n Fakultät), ferner $0! =_{\mathrm{Df}} 1$.

Die Gültigkeit der folgenden Rechenregeln für den Umgang mit dem Summenzeichen ist aus der Definition ersichtlich:

$$(1)\qquad c \sum_{\nu=1}^{n} a_\nu = \sum_{\nu=1}^{n} c a_\nu \qquad (c \in \mathbf{R}),$$

$$(2)\qquad \sum_{\nu=1}^{n} a_\nu + \sum_{\nu=1}^{n} b_\nu = \sum_{\nu=1}^{n} (a_\nu + b_\nu) \quad ,$$

$$(3)\qquad \sum_{\rho=1}^{r} a_\rho \sum_{\mu=1}^{m} b_\mu = \sum_{\rho=1}^{r} \sum_{\mu=1}^{m} a_\rho b_\mu \quad ,$$

$$(4)\qquad \sum_{\nu=1}^{n} a_{\nu+k} = \sum_{\mu=k+1}^{k+n} a_\mu \qquad (k \in \mathbf{Z}).$$

Für die in (3) auftretende Doppelsumme ist auch die Schreibweise

$$\sum_{\substack{1 \leqslant \rho \leqslant r \\ 1 \leqslant \mu \leqslant m}} a_\rho b_\mu$$

gebräuchlich; man notiert also unter einem Summenzeichen sämtliche Summationsbefehle und spart dadurch Platz ein.

Häufig wird die Aufgabe gestellt, Summen oder Produkte reeller Zahlen auszurechnen, das heißt, einen in gewissem Sinne einfacheren Ausdruck dafür hinzuschreiben. Wir geben einige Beispiele und bemerken dazu, daß $\sum_{\nu=1}^{n} 1 \; (n \in \mathbf{N})$ definitionsgemäß n Summanden enthält, von denen jeder gleich Eins ist. Folglich gilt

$$\sum_{\nu=1}^{n} 1 = n \quad (n \in \mathbf{N}).$$

Beispiel 1: Es sei q eine reelle, $0 \leqslant n$ eine ganze Zahl. Dann ist

$$1 + q + q^2 + \ldots + q^n = \sum_{\nu=0}^{n} q^\nu = \begin{cases} \dfrac{1 - q^{n+1}}{1 - q} & \text{für } q \neq 1, \\ n + 1 & \text{für } q = 1. \end{cases}$$

Für $q = 1$ steht in der Summe $(n + 1)$-mal der Summand 1; dieser Fall ist also trivial. Es sei nun $q \neq 1$; dann gilt

$$\sum_{\nu=0}^{n} q^\nu = 1 + q + q^2 + \ldots + q^n,$$

$$q \cdot \sum_{\nu=0}^{n} q^\nu = \quad q + q^2 + \ldots + q^n + q^{n+1},$$

also bei Differenzbildung

$$(1 - q) \cdot \sum_{\nu=0}^{n} q^\nu = 1 - q^{n+1}$$

oder wegen $q \neq 1$

$$\sum_{\nu=0}^{n} q^\nu = \frac{1 - q^{n+1}}{1 - q}.$$

Beispiel 2: Für jede natürliche Zahl n gilt

$$1 + 2 + 3 + \ldots + n = \sum_{\nu=1}^{n} \nu = \frac{n(n+1)}{2}.$$

Wir schreiben die Summe zweimal auf:

$$\begin{array}{l} 1 + \quad 2 \quad + \quad 3 \quad + \ldots + (n-1) + n, \\ n + (n-1) + (n-2) + \ldots + \quad 2 \quad + 1 \end{array}$$

und addieren die übereinanderstehenden Summanden. Es folgt

$$2 \sum_{\nu=1}^{n} \nu = \sum_{\nu=1}^{n} \nu + \sum_{\nu=1}^{n} (n + 1 - \nu) = \sum_{\nu=1}^{n} (n+1) = n(n+1)$$

und daraus das obige Resultat.

Wir geben noch eine zweite Herleitung an, die etwas umständlicher, dafür aber verallgemeinerungsfähig ist. Wir betrachten nämlich die Summe

$$\sum_{\nu=1}^{n+1} \nu^2$$

und formen um:

$$\sum_{\nu=1}^{n+1} \nu^2 = \sum_{\nu=0}^{n} (\nu+1)^2 = \sum_{\nu=0}^{n} (\nu^2 + 2\nu + 1) = \sum_{\nu=1}^{n} \nu^2 + 2 \sum_{\nu=1}^{n} \nu + \sum_{\nu=0}^{n} 1.$$

Subtraktion von $\sum_{\nu=1}^{n} \nu^2$ liefert

$$(n+1)^2 = 2 \sum_{\nu=1}^{n} \nu + \sum_{\nu=0}^{n} 1 = 2 \sum_{\nu=1}^{n} \nu + (n+1),$$

also wieder

$$\sum_{\nu=1}^{n} \nu = \frac{1}{2}((n+1)^2 - (n+1)) = \frac{n(n+1)}{2}.$$

Beispiel 3: Nach dem Vorbild von Beispiel 2 berechnen wir $\sum_{\nu=1}^{n} \nu^2$ $(n \in \mathbf{N})$.

$$\sum_{\nu=1}^{n+1} \nu^3 = \sum_{\nu=0}^{n} (\nu+1)^3 = \sum_{\nu=1}^{n} \nu^3 + 3 \sum_{\nu=1}^{n} \nu^2 + 3 \sum_{\nu=1}^{n} \nu + \sum_{\nu=0}^{n} 1$$

$$\Rightarrow \qquad (n+1)^3 = 3 \sum_{\nu=1}^{n} \nu^2 + \frac{3}{2} n(n+1) + (n+1).$$

Dabei haben wir das Ergebnis von Beispiel 2 benutzt. Es folgt

$$\sum_{\nu=1}^{n} \nu^2 = \frac{n(n+1)(2n+1)}{6} \qquad (n \in \mathbf{N}).$$

Offenbar haben wir ein Verfahren gefunden, das die schrittweise Berechnung von $\sum_{\nu=1}^{n} \nu^k$ für $k = 1, 2, 3, \ldots$ gestattet.

Beispiel 4: Auszurechnen ist die Summe aller ungeraden Quadratzahlen von 1 bis $(2n-1)^2$ $(n \in \mathbf{N})$.

Die Summenschreibweise macht diese Aufgabe einfach: Es ist

$$1^2 + 3^2 + 5^2 + \ldots + (2n-1)^2 = \sum_{\nu=1}^{n} (2\nu - 1)^2 = 4 \sum_{\nu=1}^{n} \nu^2 - 4 \sum_{\nu=1}^{n} \nu + \sum_{\nu=1}^{n} 1,$$

und die rechter Hand stehenden Summen sind uns schon bekannt. Einsetzen und Umformen liefert

$$\sum_{\nu=1}^{n} (2\nu - 1)^2 = \frac{1}{6}(2n-1)2n(2n+1) \quad (n \in \mathbf{N}).$$

Beispiel 5: Zu berechnen ist das Produkt $\prod_{\nu=2}^{n} (1 - \frac{1}{\nu^2})$ $(n \in \mathbf{N})$.

Für $n = 1$ erhalten wir das leere Produkt, das vereinbarungsgemäß den Wert 1 hat.

Es sei nun $n \geqslant 2$:

$$\prod_{\nu=2}^{n} (1 - \frac{1}{\nu^2}) = \prod_{\nu=2}^{n} \frac{\nu^2 - 1}{\nu^2} = \prod_{\nu=2}^{n} \frac{(\nu-1)\cdot(\nu+1)}{\nu \cdot \nu} = \frac{\prod_{\nu=2}^{n} (\nu - 1) \prod_{\nu=2}^{n} (\nu + 1)}{\prod_{\nu=2}^{n} \nu \prod_{\nu=2}^{n} \nu}$$

$$= \frac{(n-1)!\,(n+1)!}{n!\,n!\,2} = \frac{n+1}{2n}.$$

Da dieses Ergebnis auch für $n = 1$ formal richtig ist, gilt

$$\prod_{\nu=2}^{n} (1 - \frac{1}{\nu^2}) = \frac{n+1}{2n} \quad (n \in \mathbf{N}).$$

(2.2)

Aufgabe 1: Man berechne für $n \in \mathbf{N}$

a) $\sum_{\nu=1}^{n} \nu^3$, b) $\sum_{\nu=1}^{n} (-1)^{\nu-1} \nu^2$.

Aufgabe 2: Man berechne für $n \in \mathbf{N}$

a) $\sum_{\nu=1}^{n} \frac{1}{\nu(\nu+1)}$, b) $\sum_{\nu=1}^{n} \frac{\nu}{2^\nu}$.

Aufgabe 3: Man berechne für $n \in \mathbf{N}$

a) $\prod_{\nu=1}^{n} \left(1 + \frac{(-1)^{\nu-1}}{\nu}\right)$, b) $\prod_{\nu=2}^{n} \frac{\nu^3 + 1}{\nu^3 - 1}$.

Aufgabe 4: Für $n \in \mathbf{N}$ gilt

$$\frac{n}{2} < \sum_{\nu=1}^{2^n-1} \frac{1}{\nu} \leqslant n.$$

Beweis?

§ 3 Vollständige Induktion

(3.1) In diesem Paragraphen werden wir ein Beweisprinzip kennenlernen, das nur auf einen speziellen Typus von Sätzen anwendbar ist. Es handelt sich um Sätze der Gestalt

(*) Für alle $n \in \mathbf{N}$ ist die Aussage A wahr.

Trifft A auf eine natürliche Zahl n zu, so schreiben wir kurz A(n). Beispiele dafür haben wir in § 2 bereits kennengelernt, etwa gilt die Aussage A:

$$\sum_{\nu=1}^{n} \nu = \frac{n(n+1)}{2} \quad \text{für alle } n \in \mathbf{N}.$$

Häufig gelangen wir durch die Betrachtung von Spezialfällen nur zu Vermutungen gewisser mathematischer Sachverhalte, sind aber nicht in der Lage, einen direkten Beweis dafür anzugeben. Hat die Vermutung die Gestalt (*), so können wir uns sehr oft in folgender Weise helfen:

Wir zeigen zuerst A(1), sodann die Gültigkeit der Implikation $[A(n) \Rightarrow A(n+1)]$ für jedes $n \in \mathbf{N}$. Das Prinzip der vollständigen Induktion besagt dann, daß A auf alle $n \in \mathbf{N}$ zutrifft.

Dies bedarf einiger Erläuterungen: Wir folgern $A(n+1)$ aus der Induktionsannahme, daß A für die beliebige, aber feste natürliche Zahl n wahr ist. In diesem *Induktionsschluß* $[A(n) \Rightarrow A(n+1)]$ zeigen wir also nur „wenn A(n), so $A(n+1)$" und nehmen dadurch keineswegs die zu beweisende Behauptung vorweg. Da wir aus dem *Induktionsbeginn* A(1) schon wissen, daß die Aussage A auf $1 \in \mathbf{N}$ zutrifft, schließen wir schrittweise weiter, daß sie auch für $1 + 1 = 2 \in \mathbf{N}$, also $2 + 1 = 3 \in \mathbf{N}$ usw. wahr ist. Das Induktionsprinzip sagt aus, daß wir auf diese Weise A(n) für *alle* $n \in \mathbf{N}$ erhalten. Es ist dies eine in den sogenannten *Peano*-Axiomen (*G. Peano,* 1858–1932) verankerte Grundeigenschaft der Menge $\mathbf{N}$ der natürlichen Zahlen.

Wir notieren das Induktionsprinzip nochmals in Kurzform und geben eine gleichwertige Fassung an. A sei eine Aussage über natürliche Zahlen.

1. Form:

$$\begin{array}{l} A(1) \\ \underline{A(n) \Rightarrow A(n+1)} \\ \Rightarrow A(n) \text{ für alle } n \in \mathbf{N}. \end{array}$$

2. Form:

$$\begin{array}{l} A(1) \\ \underline{[A(1) \text{ und } A(2) \text{ und} \ldots \text{und } A(n)] \Rightarrow A(n+1)} \\ \Rightarrow A(n) \text{ für alle } n \in \mathbf{N}. \end{array}$$

Es kann vorkommen, daß eine Aussage A erst von einer natürlichen Zahl n_0 an wahr ist: $A(n_0 - 1 + n)$ für alle $n \in \mathbf{N}$. Der Induktionsbeginn für den Nachweis der Aussage A wird dann einfach auf $n_0 \in \mathbf{N}$ verlegt.

Wir geben wieder Beispiele.

Beispiel 1: Die Aussage A: $\sum_{\nu=1}^{n} \nu = \frac{n(n+1)}{2}$ für alle $n \in \mathbf{N}$ ist durch vollständige Induktion nachzuweisen.

Induktionsbeginn: Für $n = 1$ steht auf beiden Seiten der Gleichung 1; also ist A(1) wahr. Induktionsschluß: Unter der Induktionsannahme, daß A auf ein beliebiges $n \in \mathbf{N}$ zutrifft, müssen wir A(n + 1), also

$$\sum_{\nu=1}^{n+1} \nu = \frac{(n+1)(n+2)}{2}$$

zeigen. In der Tat gilt

$$\sum_{\nu=1}^{n+1} \nu = \sum_{\nu=1}^{n} \nu + (n+1) = \frac{n(n+1)}{2} + (n+1) = \frac{(n+1)(n+2)}{2},$$

und nach dem Induktionsprinzip trifft A auf alle $n \in \mathbf{N}$ zu.

Beispiel 2: Wir denken uns n Objekte durch die natürlichen Zahlen 1, 2, ..., n repräsentiert und fragen nach der Anzahl P(n) der Anordnungen der Objekte auf n Plätze, wobei jedes Objekt genau einen Platz zugewiesen bekommt. Jede derartige Anordnung nennen wir eine *Permutation* der Objekte. Etwa für n = 3 ergeben sich die 6 Permutationen

$$\begin{array}{ccc} (1,2,3), & (2,1,3), & (3,1,2), \\ (1,3,2), & (2,3,1), & (3,2,1). \end{array}$$

Wir zeigen durch vollständige Induktion $P(n) = n!$:

Ein einziges Objekt gestattet offenbar nur genau eine Permutation; $P(1) = 1 = 1!$, also A(1), ist wahr. Nun gelte A(n). Aus den (n + 1) Zahlen 1, 2, ..., n, n + 1 können wir eine feste Zahl auf genau (n + 1) Arten auswählen. Wir setzen sie auf den ersten Platz. Die verbleibenden n Zahlen gestatten dann noch P(n) Permutationen. Also gilt $P(n+1) = (n+1)P(n)$, und aus der Induktionsannahme $P(n) = n!$ folgt $P(n+1) = (n+1)n! = (n+1)!$.

Die Anzahl der Permutationen von n Objekten ist also n! ($n \in \mathbf{N}$).

Beispiel 3: Für $x \in \mathbf{R}$, $x \geqslant -1$ und $n \in \mathbf{N}$ gilt die Ungleichung von *Jacob Bernoulli* (1654–1705): $(1+x)^n \geqslant 1 + nx$.

Es gilt $1 + x = 1 + x$, erst recht $1 + x \geqslant 1 + x$. Dies ist die behauptete Ungleichung für n = 1. Aus der Annahme, es sei schon $(1+x)^n \geqslant 1 + nx$ richtig für ein $n \in \mathbf{N}$, folgt durch Multiplikation mit $1 + x \geqslant 0$

$$(1+x)^{n+1} = (1+x)^n(1+x) \geqslant (1+nx)(1+x) = 1 + (n+1)x + nx^2 \geqslant 1 + (n+1)x$$

und daraus die Behauptung.

Wir verschärfen die obige Ungleichung: Für $x \in \mathbf{R}$, $x \geqslant -1$, $x \neq 0$, und $n \in \mathbf{N}$, $n \neq 1$, gilt sogar $(1+x)^n > (1+nx)$.

Für $n = 2$ (Induktionsbeginn) ist $(1+x)^2 = 1 + 2x + x^2 > 1 + 2x$ wahr, denn für reelles $x \neq 0$ ist $x^2 > 0$. Es sei $(1+x)^n > (1+nx)$ wahr für ein $n \in \mathbf{N}$, $n \neq 1$; dann folgt

$$(1+x)^{n+1} = (1+x)^n(1+x) \geqslant (1+nx)(1+x) = 1 + (n+1)x + nx^2 > 1 + (n+1)x$$

und daraus wieder die behauptete Ungleichung.

(3.2)

Aufgabe 1: Man beweise das Resultat von Aufgabe 2b) aus (2.2) durch vollständige Induktion:

$$\sum_{\nu=1}^{n} \frac{\nu}{2^\nu} = 2 - \frac{n+2}{2^n} \quad \text{für alle } n \in \mathbf{N}.$$

Aufgabe 2: Es sei n eine natürliche und x eine reelle Zahl mit $0 < x < 1$. Dann gilt

$$(1-x)^n < \frac{1}{1+nx}.$$

Beweis?

Aufgabe 3: Es sei $n \geqslant 5$ eine natürliche Zahl. Dann gilt

$$n^2 < 2^n.$$

Beweis?

Aufgabe 4: M sei eine Menge. Die Menge $\mathbf{P}(M) =_{Df} \{T : T \subset M\}$ aller Teilmengen von M heißt die *Potenzmenge* von M. M sei endlich mit $|M| = n \geqslant 0$ Elementen. Man berechne $|\mathbf{P}(M)|$.

§ 4 Elementare Kombinatorik

(4.1) Ein für die Kombinatorik typischer Fragenkomplex bezieht sich auf die Ermittlung gewisser Anzahlen.

Wir verabreden zunächst eine passende Terminologie. Unter einem n-tupel $(a_1, a_2, \ldots, a_n)$ verstehen wir ein Element des cartesischen Produktes $A_1 \times A_2 \times \ldots \times A_n$ der Mengen $A_1, A_2, \ldots, A_n$; entsprechend § 1 sind zwei n-tupel $(a_1, a_2, \ldots, a_n)$, $(a_1', a_2', \ldots, a_n')$ genau dann gleich, wenn sie komponentenweise übereinstimmen: $a_\nu = a_\nu'$ für $\nu = 1, 2, \ldots, n$. Offenbar gilt für endliche Mengen $A_1, A_2, \ldots, A_n$ die Anzahlbeziehung

$$|A_1 \times A_2 \times \ldots \times A_n| = |A_1| \cdot |A_2| \cdot \ldots \cdot |A_n|,$$

im Falle der Gleichheit der n Mengen kürzer $|A^n| = |A|^n$.

Aus § 3 kennen wir bereits die Anzahl der Permutationen von n Objekten. Wir formulieren das Resultat noch einmal in zweckmäßig abgewandelter Form als

Satz 1: Die Anzahl der n-tupel $(a_1, a_2, \ldots, a_n)$ mit paarweise verschiedenen Komponenten $a_1, a_2, \ldots, a_n \in \{1, 2, \ldots, n\}$ beträgt $n!$. Die n-tupel $(a_1, a_2, \ldots, a_n)$ lassen sich durch Umordnen der Komponenten aus dem n-tupel $(1, 2, \ldots, n)$ gewinnen.

Für das Folgende definieren wir das Symbol $\binom{n}{k}$ (lies: n über k) für $k, n \in \mathbf{N}$ durch

$$\binom{n}{k} =_{Df} \prod_{\nu=0}^{k-1} \frac{n-\nu}{k-\nu} = \frac{n(n-1)\ldots(n-k+1)}{k(k-1)\ldots 1};$$

ferner gelte $\binom{0}{0} = \binom{n}{0} = 1$ und $\binom{0}{k} = 0$.

Beispielsweise ist $\binom{7}{3} = \frac{7 \cdot 6 \cdot 5}{3 \cdot 2 \cdot 1} = 35$. Die Bedeutung des Symbols $\binom{n}{k}$ zeigt der

Satz 2: Die Menge M sei endlich mit $|M| = n \geqslant 0$. Dann gibt es genau $\binom{n}{k}$ Teilmengen $T \subset M$ mit $|T| = k \geqslant 0$.

Wir erledigen zunächst die trivialen Fälle:

Jede Menge M mit $|M| = n \geqslant 0$ Elementen besitzt genau eine nullelementige Teilmenge, nämlich $\mathbf{L}$, und in der Tat ist auch $1 = \binom{n}{0}$ für $n \in \mathbf{N} \cup \{0\}$.

Da es offenbar keine Teilmenge $T \subset M$ mit $|T| > |M| \geqslant 0$ gibt, ist für $k \in \mathbf{N}$, $n \in \mathbf{N} \cup \{0\}$, $k > n$, die Beziehung $\binom{n}{k} = 0$ nachzuweisen. Sie ist wahr, denn entweder ist $n = 0$ und $\binom{0}{k} = 0$ für alle $k \in \mathbf{N}$ oder im Zähler von

$$\binom{n}{k} = \frac{n(n-1)\dots(n-k+1)}{k(k-1)\dots 1} \qquad (k, n \in \mathbf{N}, k > n)$$

tritt der Faktor $(n - n) = 0$ auf.

Es bleibt noch der Fall $|M| = n \geqslant |T| = k > 0$ zu untersuchen:

Sämtliche k-elementigen Teilmengen T von M erhalten wir, indem wir auf alle möglichen Arten k Elemente aus M auswählen. Jede derartige Auswahl kennzeichnen wir dadurch, daß wir unter jedes zu T gehörige Element von M ein „+"-Zeichen, unter jedes andere ein „–"-Zeichen setzen. Wir verteilen also genau k „+"-Zeichen und genau $(n - k)$ „–"-Zeichen. Wären sämtliche Zeichen voneinander verschieden, so gäbe es nach Satz 1 genau $n!$ mögliche Verteilungen. Da jede der $k!$ Permutationen der „+"-Zeichen unter sich und jede der $(n - k)!$ Permutationen der „–"-Zeichen unter sich aber dieselbe Auswahl von Elementen aus M liefert, erhalten wir auf diese Weise jede k-elementige Teilmenge $T \subset M$ genau $k!(n - k)!$ Male. Insgesamt bekommen wir also nur genau

$$\frac{n!}{k!(n-k)!} = \frac{n(n-1)\dots(n-k+1)}{k(k-1)\dots 1} = \binom{n}{k}$$

k-elementige Teilmengen von M. Damit ist Satz 2 bewiesen.

Wir können das Resultat im nichttrivialen Fall auch so aussprechen: Für $k, n \in \mathbf{N}$ gibt es $\binom{n}{k}$ k-tupel $(a_1, a_2, \dots, a_k)$ mit $1 \leqslant a_1 < a_2 < \dots < a_k \leqslant n$ und $a_1, a_2, \dots, a_k \in \mathbf{N}$. Von jedem derartigen k-tupel sagen wir, es sei eine Auswahl (*Kombination*) von k aus n Objekten *ohne* Wiederholung.

Als Folgerungen vermerken wir:

1) Die Zahlen $\binom{n}{k}$ sind Null genau dann, wenn $k > n$ ist. Sonst gilt $\binom{n}{k} \in \mathbf{N}$ und $\binom{n}{k} = \binom{n}{n-k} = \frac{n!}{k!(n-k)!}$.

Man pflegt die Zahlen $\binom{n}{k}$ in einer dreieckförmigen Liste, *Pascal*sches Dreieck genannt, darzustellen (*B. Pascal*, 1623–1662):

$$\binom{0}{0} = 1 \qquad\qquad n = 0$$

$$\binom{1}{0} = 1 \quad \binom{1}{1} = 1 \qquad\qquad n = 1$$

$$\binom{2}{0} = 1 \quad \binom{2}{1} = 2 \quad \binom{2}{2} = 1 \qquad\qquad n = 2$$

$$\binom{3}{0} = 1 \quad \binom{3}{1} = 3 \quad \binom{3}{2} = 3 \quad \binom{3}{3} = 1 \qquad\qquad n = 3$$

$$\vdots \qquad\qquad \vdots$$

2) Das Produkt von k aufeinanderfolgenden natürlichen Zahlen ist durch $k!$ teilbar, denn wegen 1) ist ja stets

$$\frac{(n-k+1)(n-k+2)\ldots(n-1)n}{k!} = \binom{n}{k} \in \mathbf{N}.$$

3) Es seien $a, b \in \mathbf{R}$, $n \in \mathbf{N}$; dann gilt der *binomische Satz*

$$(a+b)^n = \sum_{k=0}^{n} \binom{n}{k} a^k b^{n-k}.$$

Zum Nachweis denken wir uns die n Klammern als Produkt $(a+b)\cdot(a+b)\cdot\ldots\cdot(a+b)$ ausgeschrieben. Nach Satz 2 können wir k der n Klammern $(0 \leqslant k \leqslant n)$ auf genau $\binom{n}{k}$ Arten auswählen. Beim Ausmultiplizieren nehmen wir aus jeder der k ausgewählten Klammern den Faktor a, aus den restlichen $n-k$ Klammern jeweils den Faktor b. Wir bekommen genau $\binom{n}{k}$ Male den Summanden $a^k b^{n-k}$, insgesamt also die rechter Hand stehende Summe.

Wegen dieses binomischen Satzes heißen die Zahlen $\binom{n}{k}$ *Binomialkoeffizienten.* Als wichtigsten Spezialfall des binomischen Satzes notieren wir

$$(1+x)^n = \sum_{\nu=0}^{n} \binom{n}{\nu} x^\nu \quad (x \in \mathbf{R}, n \in \mathbf{N}).$$

(4.2) Durch die Sätze 1 und 2 sind die beiden häufigsten kombinatorischen Aufgaben gelöst. Man sollte noch die Lösung einer dritten kennen: Es seien $n \geqslant 1$ paarweise voneinander verschiedene Objekte gegeben. Auf wieviel verschiedene Arten kann man $k \geqslant 1$ von ihnen auswählen, wenn dabei (im Unterschied zu Satz 2) noch zugelassen wird, daß ein und dasselbe Objekt wiederholt gewählt wird? Für die Anzahl dieser Auswahlen (*Kombinationen*) von k aus n Objekten *mit* Wiederholung gilt (man vergleiche die Bemerkung im Anschluß an den Beweis von Satz 2) der

Satz 3: Es seien $k, n \in \mathbf{N}$. Dann gibt es genau $\binom{n+k-1}{k}$ k-tupel $(a_1, a_2, \ldots, a_k)$ mit $1 \leqslant a_1 \leqslant a_2 \leqslant \ldots \leqslant a_k \leqslant n$ und $a_1, a_2, \ldots, a_k \in \mathbf{N}$.

Beweis: Es sei

$$M = \{(a_1, a_2, \ldots, a_k)\colon\ 1 \leqslant a_1 \leqslant a_2 \leqslant \ldots \leqslant a_k \leqslant n,\ a_1, a_2, \ldots, a_k \in \mathbf{N}\};$$

die Behauptung des Satzes lautet $|M| = \binom{n+k-1}{k}$. Es sei weiter eine Menge N von k-tupeln durch

$$N = \{(b_1, b_2, \ldots, b_k)\colon\ 1 \leqslant b_1 < b_2 < \ldots < b_k \leqslant n+k-1,\ b_1, b_2, \ldots, b_k \in \mathbf{N}\}$$

definiert. Aus Satz 2 wissen wir $|N| = \binom{n+k-1}{k}$. Wir zeigen $|M| = |N|$. Dazu definieren wir eine Abbildung

$$f\colon\ M \to N \text{ durch } f((a_1, a_2, a_3, \ldots, a_k)) = (a_1, a_2 + 1, a_3 + 2, \ldots, a_k + k - 1)$$

und zeigen, daß sie bijektiv ist. In der Tat erhält jedes k-tupel aus M durch f ein Bild in N, und jedes k-tupel aus N besitzt genau ein Original in M, nämlich

$$f^{-1}((b_1, b_2, b_3, \ldots, b_k)) = (b_1, b_2 - 1, b_3 - 2, \ldots, b_k - k + 1).$$

Also enthalten M und N gleich viele Elemente, und das war zu zeigen.

(4.3)

Aufgabe 1: Wieviel k-tupel $(a_1, a_2, \ldots, a_k)$ mit paarweise verschiedenen Zahlen $a_1, a_2, \ldots, a_k \in \{1, 2, \ldots, n\}$, $1 \leqslant k \leqslant n$, gibt es?

Aufgabe 2: An drei Spieler wird ein Skatspiel verteilt. Wieviel verschiedene Verteilungen der 32 Karten sind möglich?

Aufgabe 3: Ein Skatspiel wird verteilt.
a) In wieviel Prozent der möglichen Fälle liegt wenigstens ein Bube im Skat?
b) In wieviel Prozent der möglichen Fälle liegt der Kreuz-Bube im Skat?

Aufgabe 4: Es sei k eine natürliche Zahl. Dann gilt $(n \in \mathbf{N} \cup \{0\})$

$$\binom{n}{k-1} + \binom{n}{k} = \binom{n+1}{k}.$$

Beweis? Welche Bedeutung hat diese Beziehung für den Aufbau des *Pascal*schen Dreiecks?

Aufgabe 5: Man beweise den binomischen Lehrsatz durch vollständige Induktion nach dem Exponenten n.

Aufgabe 6: Man beweise $(k, n \in \mathbf{N} \cup \{0\})$

a) $\sum_{\nu=0}^{n} \binom{n}{\nu} = 2^n$, b) $\sum_{\nu=0}^{n} (-1)^\nu \binom{n}{\nu} = \begin{cases} 1 & \text{für } n = 0 \\ 0 & \text{für } n > 0, \end{cases}$

c) $\sum_{\kappa=0}^{k} \binom{n+\kappa}{\kappa} = \binom{n+k+1}{k}$.

Aufgabe 7: Es seien $d \neq 0$ und n ganze Zahlen; d heißt ein *Teiler* von n, in Zeichen: $d|n$, wenn $n = d \cdot d'$ mit einer ganzen Zahl d' gilt. Eine natürliche Zahl $p > 1$ heißt *Primzahl,* wenn aus $d \in \mathbf{N}$ und $d|p$ entweder $d = 1$ oder $d = p$ folgt.
Für jede Primzahl p und jede natürliche Zahl n gilt

$$p|n^p - n.$$

Beweis?

§ 5 Ungleichungen

(5.1) In den vorangehenden Paragraphen haben wir die Möglichkeit, die reellen Zahlen auf der Zahlengeraden zu veranschaulichen, dazu ausgenutzt, die Sprechweise einzuführen, die reelle Zahl a sei größer als Null oder positiv, in Zeichen: $a > 0$. Wir wollen nun das Rechnen mit diesem Symbol systematisieren und nehmen dazu den naiven Standpunkt ein, $a > 0$ bedeute, daß a auf der Zahlengeraden rechts von der Null liegt.

$a > 0$.

Es ist klar, daß für jedes $a \in \mathbf{R}$ genau eine der Relationen $a > 0$ oder $a = 0$ oder $-a > 0$ gilt und daß aus $a > 0$, $b > 0$ $(a, b \in \mathbf{R})$ sowohl $a + b > 0$ als auch $a \cdot b > 0$ folgt.

Mitunter ist es praktisch, Modifikationen zur Verfügung zu haben: Es seien a, b reelle Zahlen; $a > b$ bedeute $a - b > 0$, und $b < a$ ist nur eine andere Schreibweise dafür. Ferner bedeute $a \geqslant b$, daß $a > b$ oder $a = b$ gilt, und $b \leqslant a$ heißt dasselbe. Beispielsweise gilt $1 \geqslant 1$.

Aus diesen Eigenschaften ergeben sich unmittelbar die nachstehenden Rechenregeln $(a, b, c, d \in \mathbf{R})$:

(1) $a > b \Rightarrow a + c > b + c$; $a \geqslant b \Rightarrow a + c \geqslant b + c$.
(2) $(a > b \text{ und } c > d) \Rightarrow a + c > b + d$; $(a \geqslant b \text{ und } c \geqslant d) \Rightarrow a + c \geqslant b + d$.
(3) $(a > b \text{ und } c > 0) \Rightarrow ac > bc$; $(a \geqslant b \text{ und } c \geqslant 0) \Rightarrow ac \geqslant bc$.
(4) $(a > b \text{ und } c < 0) \Rightarrow ac < bc$; $(a \geqslant b \text{ und } c \leqslant 0) \Rightarrow ac \leqslant bc$.
(5) $0 < a < b \Rightarrow 0 < \frac{1}{b} < \frac{1}{a}$.

Für $a \in \mathbf{R}$ geben wir noch die Definition

$$|a| =_{\mathrm{Df}} \begin{cases} a & \text{für } a \geqslant 0 \\ -a & \text{für } a < 0 \end{cases} \qquad \text{(lies: Betrag von } a\text{)}.$$

Es ist also stets $|a| \geqslant 0$ und $|a| = 0$ genau für $a = 0$. Ferner gelten die als Dreiecksungleichungen bezeichneten Betragsrechenregeln

(6) $$||a| - |b|| \leqslant |a \pm b| \leqslant |a| + |b| \quad (a, b \in \mathbf{R}).$$

Zum Nachweis von (6) beachten wir die evidente Gültigkeit von $|a| \geqslant \pm a$ und $|a| = |-a|$. Es folgt zunächst $|a| + |b| \geqslant a + b$, $|a| + |b| \geqslant -a - b$, also $|a| + |b| \geqslant |a + b|$, und durch Ersetzen von b durch $-b$ weiter $|a| + |b| \geqslant |a \pm b|$. Danach wird $|a| = |a + b - b| \leqslant |a + b| + |b|$, also $|a| - |b| \leqslant |a + b|$, und durch Vertauschen von a und b auch $|b| - |a| \leqslant |a + b|$. Aus beidem folgt $||a| - |b|| \leqslant |a \pm b|$.

Es ist klar, daß sich durch sukzessive Anwendung der eben nachgewiesenen Ungleichung $|a + b| \leqslant |a| + |b|$ allgemeiner

$$\left|\sum_{\nu=1}^{n} a_\nu\right| \leqslant \sum_{\nu=1}^{n} |a_\nu| \qquad (a_1, a_2, \ldots, a_n \in \mathbf{R})$$

ergibt. Schließlich notieren wir noch für den Betrag eines Produktes

(7) $$|a \cdot b| = |a| \cdot |b| \qquad (a, b \in \mathbf{R}).$$

(5.2) Wir wenden uns zwei oft gebrauchten speziellen Ungleichungen zu und führen zunächst abkürzende Bezeichnungen ein:

Die Zahl $\frac{1}{n}(a_1 + a_2 + \ldots + a_n)$ heißt das *arithmetische Mittel* von $a_1, a_2, \ldots, a_n \in \mathbf{R}$. Sind die Zahlen $a_1, a_2, \ldots, a_n$ positiv, so heißt $\sqrt[n]{a_1 a_2 \ldots a_n} > 0$ ihr *geometrisches Mittel.*

Satz 1: Die Zahlen $a_1, a_2, \ldots, a_n$ seien positiv und α ihr arithmetisches, γ ihr geometrisches Mittel. Dann gilt $\alpha \geqslant \gamma$. Das Gleichheitszeichen steht dann und nur dann, wenn alle a_ν $(\nu = 1, 2, \ldots, n)$ einander gleich sind.

Den Beweis führen wir in zwei Schritten.

1) Wir zeigen zuerst: Ist das Produkt der n positiven Zahlen $x_1, x_2, \ldots, x_n$ gleich Eins, so ist ihre Summe größer oder gleich n, und $x_1 + x_2 + \ldots + x_n = n$ gilt genau dann, wenn $x_1 = x_2 = \ldots = x_n$ ist (also alle x_ν gleich Eins sind).

Diese Aussage $A(n)$ beweisen wir durch vollständige Induktion nach n. $A(1)$ ist richtig. Unnötigerweise zeigen wir noch $A(2)$: Aus $x_1 \cdot x_2 = 1$ und $x_1 = x_2 = 1$ folgt $x_1 + x_2 = 2$. Es gelte also $x_1 \cdot x_2 = 1$ und etwa $x_1 < 1$, also $x_2 > 1$. Wir müssen $x_1 + x_2 > 2$ zeigen; in der Tat gilt $x_1 + x_2 = 2 + (x_2 - 1)(1 - x_1) > 2$.

Es sei $n \geqslant 1$ fest gewählt, und es gelte $A(n)$, das heißt: Für je n positive Zahlen sei die Aussage richtig. Zu zeigen ist $A(n + 1)$. Ist $x_1 x_2 \ldots x_{n+1} = 1$ und $x_1 = x_2 = \ldots = x_{n+1}$ $(= 1)$, so folgt $x_1 + x_2 + \ldots + x_{n+1} = n + 1$. Zu zeigen bleibt: Ist $x_1 x_2 \ldots x_{n+1} = 1$, und sind nicht alle x_ν $(1 \leqslant \nu \leqslant n + 1)$ einander gleich, so gilt $x_1 + x_2 + \ldots + x_{n+1} > n + 1$.

Sind nicht alle x_ν einander gleich, so darf man $x_1 < 1$, $x_{n+1} > 1$ annehmen. Aus $(x_1 x_{n+1}) \cdot x_2 \ldots x_n = 1$ und der Induktionsvoraussetzung folgt $x_1 x_{n+1} + x_2 + \ldots + x_n \geqslant n$ und hieraus

$$\begin{aligned} x_1 + x_2 + \ldots + x_{n+1} &= (x_1 x_{n+1} + x_2 + \ldots + x_n) + x_{n+1} - x_1 x_{n+1} + x_1 \\ &\geqslant (n + 1) - 1 + x_{n+1} - x_1 x_{n+1} + x_1 \\ &= (n + 1) + (x_{n+1} - 1)(1 - x_1) \\ &> n + 1. \end{aligned}$$

2) Es ist $\frac{a_1}{\gamma} \cdot \frac{a_2}{\gamma} \cdot \ldots \cdot \frac{a_n}{\gamma} = 1$, nach 1) also $\frac{a_1}{\gamma} + \frac{a_2}{\gamma} + \ldots + \frac{a_n}{\gamma} \geqslant n$ oder $\alpha \geqslant \gamma$,

und das Gleichheitszeichen steht dann und nur dann, wenn $\frac{a_1}{\gamma} = \frac{a_2}{\gamma} = \ldots = \frac{a_n}{\gamma}$, also $a_1 = a_2 = \ldots = a_n$ ist.

Damit ist Satz 1 nachgewiesen. Wir bemerken noch, daß seine Aussage im Fall $n = 2$ ganz leicht zu sehen ist:

$$\frac{a+b}{2} \geqslant \sqrt{ab} \Leftrightarrow (a+b)^2 \geqslant 4ab \Leftrightarrow (a-b)^2 \geqslant 0.$$

Der nun folgende Satz 2 beinhaltet die *Schwarz*sche Ungleichung (*H. A. Schwarz*, 1843–1921).

Satz 2: Es ist ($a_\nu, b_\nu \in \mathbf{R}$ für $\nu = 1, 2, \ldots, n$)

$$\left(\sum_{\nu=1}^{n} a_\nu b_\nu\right)^2 \leqslant \sum_{\nu=1}^{n} a_\nu^2 \cdot \sum_{\nu=1}^{n} b_\nu^2.$$

Hierin steht dann und nur dann das Gleichheitszeichen, wenn es ein $x \in \mathbf{R}$ gibt mit $a_\nu = xb_\nu$ für alle ν oder $b_\nu = xa_\nu$ für alle ν, $1 \leqslant \nu \leqslant n$.

Beweis: Ist $\sum_{\nu=1}^{n} b_\nu^2 = 0$, so gilt $b_\nu = 0$ für $1 \leqslant \nu \leqslant n$, und dafür ist die *Schwarz*sche Ungleichung trivialerweise richtig. Es sei also $\sum_{\nu=1}^{n} b_\nu^2 > 0$. Wir erhalten die für jedes $x \in \mathbf{R}$ gültige Abschätzung

$$0 \leqslant \sum_{\nu=1}^{n} (a_\nu - xb_\nu)^2 = x^2 \sum_{\nu=1}^{n} b_\nu^2 - 2x \sum_{\nu=1}^{n} a_\nu b_\nu + \sum_{\nu=1}^{n} a_\nu^2$$

und daraus mit $p =_{\mathrm{Df}} \frac{\sum_{\nu=1}^{n} a_\nu b_\nu}{\sum_{\nu=1}^{n} b_\nu^2}$, $q =_{\mathrm{Df}} \frac{\sum_{\nu=1}^{n} a_\nu^2}{\sum_{\nu=1}^{n} b_\nu^2}$ weiter

$$(*) \qquad f(x) =_{\mathrm{Df}} x^2 - 2px + q \geqslant 0 \text{ für jedes } x \in \mathbf{R}.$$

Wäre die behauptete Ungleichung falsch, also $p^2 > q$, so wäre aber $f(p) = q - p^2 < 0$ im Widerspruch zu (*). Sie ist damit bewiesen.

Wir wenden uns nun der Diskussion des Gleichheitszeichens zu:

Es gebe ein x mit $a_\nu = xb_\nu$ für alle ν, $1 \leqslant \nu \leqslant n$. Dann folgt

$$\left(\sum_{\nu=1}^{n} a_\nu b_\nu\right)^2 = x^2 \left(\sum_{\nu=1}^{n} b_\nu^2\right)^2 = \sum_{\nu=1}^{n} x^2 b_\nu^2 \cdot \sum_{\nu=1}^{n} b_\nu^2 = \sum_{\nu=1}^{n} a_\nu^2 \cdot \sum_{\nu=1}^{n} b_\nu^2,$$

und der Fall $b_\nu = xa_\nu$ für alle ν, $1 \leqslant \nu \leqslant n$, erledigt sich analog. Umgekehrt gelte jetzt

$$\left(\sum_{\nu=1}^{n} a_\nu b_\nu\right)^2 = \sum_{\nu=1}^{n} a_\nu^2 \cdot \sum_{\nu=1}^{n} b_\nu^2$$

mit $\sum_{\nu=1}^{n} b_\nu^2 > 0$, das heißt bei Verwendung der obigen Bezeichnungen:

$$p^2 = q.$$

Dann ist

$$f(p) = \sum_{\nu=1}^{n} (a_\nu - pb_\nu)^2 = -p^2 + q = 0,$$

also in der Tat $a_\nu = pb_\nu$ für alle ν, $1 \leqslant \nu \leqslant n$.

Gilt aber $\sum_{\nu=1}^{n} b_\nu^2 = 0$, so ist $b_\nu = 0$ für alle ν, $1 \leqslant \nu \leqslant n$; es gibt dann ein $x \in \mathbf{R}$, nämlich $x = 0$, so daß $b_\nu = xa_\nu$ für alle ν richtig ist.

Damit ist der Satz 2 vollständig bewiesen.

Setzt man in Satz 2 alle b_ν gleich Eins $(1 \leqslant \nu \leqslant n)$, so ergibt sich die manchmal nützliche Folgerung:

$$(a_1 + a_2 + \ldots + a_n)^2 \leqslant n(a_1^2 + a_2^2 + \ldots + a_n^2).$$

(5.3)

Aufgabe 1: Es sei $n \geqslant 2$ eine natürliche Zahl. Dann gilt

$$\left(1 + \frac{1}{n-1}\right)^{n-1} < \left(1 + \frac{1}{n}\right)^n < 3.$$

Beweis?

Aufgabe 2: Es sei $n \geqslant 2$ eine natürliche Zahl. Dann gilt

$$\left(1 + \frac{1}{n-1}\right)^n > \left(1 + \frac{1}{n}\right)^{n+1} > 2.$$

Beweis?

Aufgabe 3: Für alle natürlichen Zahlen $n \geqslant 6$ gilt

$$\left(\frac{n}{3}\right)^n < n! < \left(\frac{n}{2}\right)^n.$$

Beweis? (Anleitung: Man benutze Aufgabe 1.)

Aufgabe 4: Es seien $a_1, a_2, \ldots, a_n$ positive reelle Zahlen. Dann gilt

$$(a_1 + a_2 + \ldots + a_n)\left(\frac{1}{a_1} + \frac{1}{a_2} + \ldots + \frac{1}{a_n}\right) \geqslant n^2.$$

Beweis?

Aufgabe 5: Für $n \in \mathbb{N}$ gilt

$$2\sqrt{n+1} - 2 < \frac{1}{\sqrt{1}} + \frac{1}{\sqrt{2}} + \frac{1}{\sqrt{3}} + \ldots + \frac{1}{\sqrt{n}} < 2\sqrt{n}.$$

Beweis?

Aufgabe 6: Es seien k und n natürliche Zahlen. Dann gilt

$$\frac{n^{k+1}}{k+1} < 1^k + 2^k + 3^k + \ldots + n^k < \frac{(n+1)^{k+1}}{k+1}.$$

Beweis?

§ 6 Gruppen

(6.1) Bisher haben wir in gewissen Zahlenbereichen gerechnet, ohne uns Gedanken über die Art und die Eigenschaften der in ihnen definierten Rechenoperationen zu machen. Wir wenden uns nun der Untersuchung abstrakter Rechenbereiche zu. Im Vordergrund der Betrachtungen stehen dabei nicht die Rechenobjekte, sondern die Beziehungen zwischen ihnen. Wir beginnen mit der folgenden

Definition: Es sei M eine nicht leere Menge. Wenn jedem Paar (a, b) von Elementen $a, b \in M$ genau ein Element $m \in M$ zugeordnet ist (also eine Abbildung von $M \times M$ in M erklärt ist), so sagt man, auf M sei eine *Verknüpfung* definiert und schreibt etwa $a \circ b = m$, $a + b = m$, $a \cdot b = m$ usw.
Eine Menge $M \neq \mathbf{L}$, auf der wenigstens eine Verknüpfung definiert ist, heißt *algebraische Struktur.*

Algebraische Strukturen mit gewissen zusätzlichen Eigenschaften der Verknüpfungen tragen Namen wie Gruppen, Ringe, Körper, Verbände. Die Algebra ist im wesentlichen die Lehre von den algebraischen Strukturen; Teilgebiete sind etwa Gruppen- oder Körpertheorie. Beispiele für algebraische Strukturen haben wir in $\mathbf{Z}(+)$, $\mathbf{Z}(+, \cdot)$, $\mathbf{Q}(+, \cdot)$ und $\mathbf{P}(M)$ (bezüglich $\cup, \cap$) schon kennengelernt.

Definition: Eine Verknüpfung $\circ$ von M heißt *assoziativ,* wenn für alle $a, b, c \in M$ gilt: $(a \circ b) \circ c = a \circ (b \circ c)$. Sie heißt *kommutativ,* wenn für alle $a, b \in M$ gilt: $a \circ b = b \circ a$.

In den oben genannten Beispielen sind die Verknüpfungen assoziativ und kommutativ. Daß dies nicht immer so sein muß, zeigt die durch die *Verknüpfungstafel*

	0	1	2
0	1	0	2
1	1	0	2
2	2	2	2

auf der Menge $M = \{0, 1, 2\}$ definierte Verknüpfung $\circ$. Schon in der *Teilstruktur* $T = \{0, 1\}$ bezüglich $\circ$ sind die Assoziativität und die Kommutativität verletzt; aus dem quadratischen Schema lesen wir ab:

$$(0 \circ 0) \circ 1 = 1 \circ 1 = 0 \neq 1 = 0 \circ 0 = 0 \circ (0 \circ 1), \quad 0 \circ 1 = 0 \neq 1 = 1 \circ 0.$$

Die Kommutativität läßt sich aus der Symmetrie einer vorgelegten Verknüpfungstafel leicht feststellen. Assoziativitätsnachweise sind dagegen oft unbequem zu führen; die Verknüpfungstafel leistet dabei nur wenig Hilfe und entfällt ohnehin für unendliche Strukturen.

Bei der Definition spezieller algebraischer Strukturen läßt man sich im allgemeinen von Eigenschaften bekannter Rechenbereiche leiten, die als Modelle dafür in

Frage kommen. So definiert man im Hinblick auf das Modell $\mathbf{P}(M)$: Eine algebraische Struktur V mit zwei assoziativen und kommutativen Verknüpfungen $\cup, \cap$ heißt ein *Verband,* wenn für alle $a, b \in V$ die Absorptionsgesetze $a \cup (a \cap b) = a$ und $a \cap (a \cup b) = a$ gelten (vgl. § 1). Sind überdies für alle $a, b, c \in V$ die Distributivgesetze $a \cup (b \cap c) = (a \cup b) \cap (a \cup c)$ und $a \cap (b \cup c) = (a \cap b) \cup (a \cap c)$ gültig, so heißt V ein *distributiver Verband.*

Es ist naheliegend, anschließend zu untersuchen, welche Eigenschaften des Modells $\mathbf{P}(M)$ sich noch auf beliebige Verbände übertragen lassen. Sind beispielsweise die für jede Menge $A \in \mathbf{P}(M)$ gültigen Regeln $A \cup A = A$ und $A \cap A = A$ in Verbänden generell wahr? In der Tat folgt aus $a \in V$ durch zweimalige Anwendung der im Verband V bestehenden Absorptionsgesetze die Aussage $a \cup a = a \cup (a \cap (a \cup a)) = a$, und, da die als $\cup$ und $\cap$ bezeichneten Verknüpfungen in der Definition des Verbandes gegeneinander ausgetauscht werden dürfen, gilt ebenfalls die *duale Aussage* $a \cap a = a$ für jedes $a \in V$. Wir haben damit zwei Sätze der Verbandstheorie gewonnen.

(6.2) Diesem Muster folgend, behandeln wir den grundlegenden Begriff der Gruppe.

Definition: Eine nicht leere Menge G heißt eine *Gruppe*, wenn auf ihr eine Verknüpfung $\circ$ mit folgenden Eigenschaften erklärt ist:
(1) $(a \circ b) \circ c = a \circ (b \circ c)$ für alle $a, b, c \in G$.
(2) Es gibt ein Element $e \in G$ mit $e \circ a = a \circ e = a$ für jedes $a \in G$.
(3) Zu jedem $a \in G$ gibt es ein Element $a^{-1} \in G$ mit $a^{-1} \circ a = a \circ a^{-1} = e$.
Die Elementeanzahl $|G|$ heißt die *Ordnung* der Gruppe G. Die Gruppe G heißt *kommutativ* oder *abelsch* (*N. H. Abel*, 1802–1829), wenn die Verknüpfung kommutativ ist.

Hieraus ziehen wir einige direkte Folgerungen:

Die in (1) geforderte Assoziativität der Verknüpfung bewirkt, daß die durch $a_1 \circ a_2 \circ a_3 =_{Df} (a_1 \circ a_2) \circ a_3$, $a_1 \circ a_2 \circ a_3 \circ a_4 =_{Df} (a_1 \circ a_2 \circ a_3) \circ a_4$ usw. definierten Verknüpfungsresultate von der Art der Klammersetzung nicht abhängen (vgl. Aufgabe 1 in (6.5)).

Ferner wäre es noch denkbar, daß es neben e ein weiteres Element e' mit der Eigenschaft (2) in G gibt. Dann wäre aber $e \circ e'$ sowohl e als auch e', also $e = e'$. Das *neutrale Element* e ist daher eindeutig bestimmt.

Die Gleichungen $a \circ x = b$ und $y \circ a = b$ sind in G eindeutig lösbar. Gäbe es etwa für $a \circ x = b$ zwei Lösungen $g_1, g_2 \in G$, so wäre jedenfalls $a^{-1} \circ (a \circ g_1) = a^{-1} \circ (a \circ g_2)$ oder $(a^{-1} \circ a) \circ g_1 = (a^{-1} \circ a) \circ g_2$, also $g_1 = g_2$. Wenn also $a \circ x = b$ lösbar ist, so nur auf eine Weise. Nun geben wir eine Lösung an: $x = a^{-1} \circ b$. Entsprechend ist $y = b \circ a^{-1}$ die eindeutig bestimmte Lösung von $y \circ a = b$.

Insbesondere gibt es zu jedem $a \in G$ genau ein *inverses Element* $a^{-1} \in G$; es ist die Lösung von $a \circ x = e$. Weiterhin gilt $a = (a^{-1})^{-1}$, denn sowohl a als auch $(a^{-1})^{-1}$ sind Lösungen von $a^{-1} \circ x = e$, und analog zeigt die eindeutige Lösbarkeit der Gleichung $(a_1 \circ a_2 \circ \ldots \circ a_n) \circ x = e$ die Gültigkeit von $(a_1 \circ a_2 \circ \ldots \circ a_n)^{-1} = a_n^{-1} \circ \ldots \circ a_2^{-1} \circ a_1^{-1}$.

Man rechnet also in Gruppen ähnlich, wie man es von der normalen Multiplikation reeller Zahlen gewohnt ist. Daher wählt man häufig andere bequemere Schreibweisen für die Gruppenverknüpfung:

Bei der multiplikativen Schreibweise setzt man für $a \circ b$ einfach das Produkt $a \cdot b$ oder kurz ab, für das neutrale Element e oft 1 und bezeichnet es als *Einselement*. Definiert man noch $aa = a^2$, $aaa = a^3$, $a^{-1}a^{-1} = a^{-2}$, $a^0 = e$ usw., so gelten für $m, n \in \mathbf{Z}$ die Potenzrechenregeln $(a^m)^n = a^{mn}$, $a^m a^n = a^{m+n}$. Diese suggestive Notierung darf aber nicht über gewisse Unterschiede zur normalen Multiplikation hinwegtäuschen: zum Beispiel ist in einem Produkt von Gruppenelementen im allgemeinen die Reihenfolge der Faktoren zu beachten, es sei denn, die vorgelegte Gruppe ist abelsch. In diesem Fall schreibt man die Gruppenverknüpfung auch gern additiv. Aus $a \circ b$ wird dann die Summe $a + b$, aus dem neutralen Element e das *Nullelement* 0; ferner steht $-a$ für a^{-1}, $a - b$ für $a + (-b)$, und man setzt $a + a = 2a$, $a + a + a = 3a$, $-a - a = -2a$ usw. Wir werden im folgenden die der jeweiligen Situation gemäße Schreibweise wählen.

Als geläufige Beispiele für Gruppen nennen wir $\mathbf{Z}(+)$, $\mathbf{Q}(+)$, $\mathbf{R}(+)$, $\mathbf{Q}_0(\cdot)$, $\mathbf{R}_0(\cdot)$, wobei $\mathbf{Q}_0$ und $\mathbf{R}_0$ die Mengen der von Null verschiedenen rationalen bzw. reellen Zahlen sind. Dagegen sind etwa $\mathbf{N}(+)$ oder $\mathbf{Q}(\cdot)$ keine Gruppen: in $\mathbf{N}$ gibt es beispielsweise kein additionsneutrales Element, und zu $0 \in \mathbf{Q}$ existiert kein multiplikatives Inverses.

Die aufgeführten Gruppen sind alle von unendlicher Ordnung; wir wollen uns nun Beispiele von Gruppen endlicher Ordnung ansehen. Es gibt genau eine Gruppe $G = \{e\}$ der Ordnung Eins: Sie besteht aus dem neutralen Element e mit $ee = e$. Andere Modelle unterscheiden sich von ihr nur durch die Schreibweise. Wollen wir durch die Einführung einer (multiplikativ geschriebenen) Verknüpfung aus der zweielementigen Menge $G = \{e, a\}$ eine Gruppe mit dem Einselement e gewinnen, so müssen wir $ee = e$, $ea = ae = a$ definieren. Weiter muß $aa = e$ gesetzt werden; wäre nämlich $aa = a$, so gäbe es kein zu a inverses Element in G. Die einzig mögliche Verknüpfungstafel lautet daher

	e	a
e	e	a
a	a	e

,

und man prüft leicht nach, daß die so definierte Struktur wirklich eine Gruppe bildet. Abgesehen von Änderungen der Schreibweise gibt es also genau eine

Gruppe der Ordnung 2. Entsprechend zeigt sich, daß die in diesem Sinne einzige Gruppe der Ordnung 3, $G = \{e, a, b\}$, die Verknüpfungstafel

	e	a	b
e	e	a	b
a	a	b	e
b	b	e	a

besitzt. Die erste Zeile und die erste Spalte geben die Verknüpfungsergebnisse mit dem Einselement e an und liegen daher fest. Da wegen der eindeutigen Lösbarkeit der Gleichungen $gx = h$, $yg = h$ $(g, h \in G)$ in keiner Zeile oder Spalte zweimal dasselbe Element stehen darf, ergibt sich der weitere Aufbau der Verknüpfungstafel zwangsläufig. Wieder prüft man nach, daß auf diese Weise tatsächlich eine Gruppe entstanden ist. Lediglich der Nachweis des Assoziativgesetzes ist etwas unbequem. Die Bestimmung aller Gruppen der Ordnung 4 (Aufgabe 3 in (6.5)) liefert bereits vier mögliche Verknüpfungstafeln, von denen allerdings drei bei Umbenennung der Gruppenelemente zusammenfallen.

Es erscheint nützlich zu präzisieren, wann zwei Gruppen „bis auf die Schreibweise gleich" genannt werden sollen. Wir tun dies in der folgenden

Definition: Zwei Gruppen $G(\circ)$, $H(\bullet)$ heißen *isomorph*, $G \simeq H$, wenn es eine bijektive Abbildung $f\colon G \to H$ mit $f(a \circ b) = f(a) \bullet f(b)$ für alle $a, b \in G$ gibt. Diese Eigenschaft heißt *Relationstreue*, die vermittelnde Abbildung f ein *Isomorphismus* von G auf H.

Isomorphe Gruppen werden vom gruppentheoretischen Standpunkt aus nicht als verschieden angesehen. Wenn wir später für gewisse Gruppen feste Bezeichnungen vereinbaren, so ist dadurch stets das im Sinne der Isomorphie eindeutig festgelegte abstrakte Modell gemeint.

Zum Beispiel sind die dreielementigen Gruppen $G = \{e, a, b\}$ mit der oben aufgeführten Verknüpfungstafel und $H = \{0, 1, 2\}$ mit der Verknüpfungstafel

	0	1	2
0	0	1	2
1	1	2	0
2	2	0	1

isomorph. Sie gehen durch die *Identifikation* $e = 0$, $a = 1$, $b = 2$ ineinander über. Die zweite Darstellung wird besonders durchsichtig, wenn die Verknüpfung von H additiv gelesen wird: das Verknüpfungsergebnis zweier Elemente aus H ist einfach der kleinste nichtnegative Rest bei Division ihrer in $\mathbf{Z}$ ermittelten normalen Summe durch die Gruppenordnung 3.

Wir geben noch die naheliegende

Definition: Eine nicht leere Teilmenge U der Gruppe G heißt *Untergruppe* von G, wenn U eine Gruppe bezüglich der Verknüpfung von G ist.

Hiernach sind $\{e\}$ und G stets Untergruppen der Gruppe G mit dem neutralen Element e.

Die Menge $2\mathbf{Z}$ aller geraden ganzen Zahlen bildet hinsichtlich der normalen Addition eine Gruppe, ist also eine Untergruppe von $\mathbf{Z}(+)$. Überdies gilt $\mathbf{Z}(+) \simeq 2\mathbf{Z}(+)$: Die durch $f(k) = 2k$ definierte Abbildung $f\colon \mathbf{Z} \to 2\mathbf{Z}$ ist offenbar ein Isomorphismus; die Relationstreue ergibt sich aus $f(r) + f(s) = 2r + 2s = 2(r + s) = f(r + s)$. Es kann also (bei Gruppen unendlicher Ordnung) durchaus vorkommen, daß eine Gruppe zu einer ihrer echten Untergruppen isomorph ist.

(6.3) Wir behandeln nun ein sehr allgemeines Konstruktionsverfahren für Gruppen und fügen dadurch den bisher gefundenen Beispielen für Gruppen weitere hinzu. Insbesondere lernen wir nichtkommutative Gruppen kennen; die kleinste hat sechs Elemente.

Es seien zwei Abbildungen $f\colon A \to B$ und $g\colon B \to C$ gegeben. Wir setzen $h(a) = g(f(a))$ für jedes $a \in A$. Auf diese Weise ist eine Abbildung $h\colon A \to C$ definiert; wir nennen sie die Produktabbildung von f und g und schreiben $h = g \circ f$. Es ist also für jedes $a \in A$

$$(g \circ f)(a) =_{Df} g(f(a)).$$

Wieder ist die multiplikative Schreibweise gf statt $g \circ f$ praktisch; wir benutzen sie im folgenden und schreiben für $(gf)(a)$ noch kürzer $gf(a)$.

Es sei $M \neq \emptyset$ eine Menge und die Abbildung $\epsilon\colon M \to M$ definiert durch $\epsilon(m) = m$ für alle $m \in M$. Dann heißt ϵ die identische Abbildung von M. Identische Abbildungen verschiedener Mengen unterscheiden wir notfalls durch Indizes: ϵ_M bedeutet die identische Abbildung der Menge M.

Ist zum Beispiel $f\colon A \to B$ bijektiv und $f^{-1}\colon B \to A$ die Umkehrabbildung von f, so gilt $f^{-1}f = \epsilon_A$, $ff^{-1} = \epsilon_B$. Ist $f\colon M \to M$ bijektiv, so gilt $f^{-1}f = ff^{-1} = \epsilon_M = \epsilon$.

Wir gehen von dem Abbildungsschema

$$A \xrightarrow[f]{} B \xrightarrow[g]{} C \xrightarrow[h]{} D$$

aus und beweisen den wichtigen

Satz 1: Das Produkt von Abbildungen ist assoziativ: $h(gf) = (hg)f$.

Beweis: $h(gf)$ und $(hg)f$ sind Abbildungen von A in D; sie haben auf jedes $a \in A$ dieselbe Wirkung: $h(gf)(a) = h(g(f(a))) = (hg)f(a)$, stimmen also überein.

Unser Interesse gilt den bijektiven Abbildungen einer Menge M auf sich; wir vereinbaren abkürzende Bezeichnungen in der nachstehenden

Definition: Eine bijektive Abbildung einer Menge M auf sich heißt eine *Transformation* von M. Eine Transformation einer endlichen Menge M heißt eine *Permutation* von M.

Eine Permutation π einer n-elementigen Menge $M = \{a_1, a_2, \ldots, a_n\}$ gibt man durch ein zweizeiliges Schema an:

$$\pi = \begin{pmatrix} a_1 & a_2 & \ldots & a_n \\ \pi(a_1) & \pi(a_2) & \ldots & \pi(a_n) \end{pmatrix};$$

in der oberen Zeile stehen alle Originale, darunter deren Bilder. Die untere Zeile enthält die gleichen Elemente wie die obere, lediglich die Reihenfolge hat sich im allgemeinen geändert. Dies bedeutet, daß die hier gegebene Definition und der in § 3 eingeführte Begriff der Permutation denselben Sachverhalt beschreiben. Ist insbesondere P die Menge aller Permutationen einer Menge M mit $|M| = n \in \mathbf{N}$, so wissen wir bereits $|P| = n!$.

Daß es sich vom gruppentheoretischen Standpunkt aus lohnt, Permutationen einer Menge M zu betrachten, entnehmen wir dem

Satz 2: Die Menge F aller Transformationen einer Menge $M \neq \mathbf{L}$ ist eine multiplikative Gruppe.

Beweis: Sind $f, g \in F$, so ist die Produktabbildung $gf: M \to M$ erklärt. Sie gehört zu F, denn sie ist bijektiv: Da f und g surjektiv sind, gilt dies auch für gf. Aus $gf(m) = gf(m')$, $m, m' \in M$, folgt wegen der Eineindeutigkeit von g zunächst $f(m) = f(m')$ und wegen der Eineindeutigkeit von f weiter $m = m'$, das heißt, gf ist insgesamt bijektiv. Das Produkt von Transformationen verhält sich nach Satz 1 assoziativ. Die identische Abbildung ϵ von M auf sich ist das Einselement von F, und zu $f \in F$ existiert nach § 1 die Umkehrabbildung $f^{-1}: M \to M$ und liegt ebenfalls in F. Wegen $f^{-1}f = ff^{-1} = \epsilon$ ist sie das zu f inverse Element.

Für gewisse Permutationsgruppen wählen wir feste Bezeichnungen.

Definition: Es sei $M \neq \mathbf{L}$ eine Menge mit n Elementen. Die Gruppe aller Permutationen von M heißt die *symmetrische Gruppe* vom Index n; wir nennen sie $\mathbf{S}_n$.

Wir wissen $|\mathbf{S}_n| = n!$.

Die eben gegebene Definition hat einen Sinn, denn die Permutationsgruppen zweier Mengen M und M′ mit gleicher Elementeanzahl $n \in \mathbf{N}$ sind offenbar isomorph. Zur Beschreibung von $\mathbf{S}_n$ legen wir einfach die Menge $M = \{1, 2, 3, \ldots, n\}$ zugrunde.

Die Permutationsgruppe $\mathbf{S}_1$ der einelementigen Menge $M = \{1\}$ besteht aus der Identität ϵ allein. Die Menge $\{1, 2\}$ besitzt die Permutationsgruppe

$$\mathbf{S}_2 = \left\{\begin{pmatrix} 1 & 2 \\ 1 & 2 \end{pmatrix}, \begin{pmatrix} 1 & 2 \\ 2 & 1 \end{pmatrix}\right\};$$

wir kennen sie aus (6.2) und hatten sie dort nur einfacher geschrieben: $\{e, a\}$ mit $e^2 = a^2 = e$, $ea = ae = a$. Die symmetrische Gruppe $\mathbf{S}_3$ enthält die $3! = 6$ Permutationen der Menge $\{1, 2, 3\}$:

$$f = \begin{pmatrix} 1 & 2 & 3 \\ 2 & 3 & 1 \end{pmatrix}, \quad f^2 = \begin{pmatrix} 1 & 2 & 3 \\ 3 & 1 & 2 \end{pmatrix}, \quad \epsilon = \begin{pmatrix} 1 & 2 & 3 \\ 1 & 2 & 3 \end{pmatrix},$$

$$g = \begin{pmatrix} 1 & 2 & 3 \\ 2 & 1 & 3 \end{pmatrix}, \quad fg = \begin{pmatrix} 1 & 2 & 3 \\ 3 & 2 & 1 \end{pmatrix}, \quad f^2g = \begin{pmatrix} 1 & 2 & 3 \\ 1 & 3 & 2 \end{pmatrix}.$$

Wir rechnen in $\mathbf{S}_3$, indem wir die Multiplikation der Permutationen gemäß ihrem Abbildungscharakter von rechts nach links ausführen; so wird beispielsweise $(1 \underset{g}{\to} 2 \underset{f}{\to} 3$, also $1 \underset{fg}{\to} 3$ usw.)

$$fg = \begin{pmatrix} 1 & 2 & 3 \\ 2 & 3 & 1 \end{pmatrix}\begin{pmatrix} 1 & 2 & 3 \\ 2 & 1 & 3 \end{pmatrix} = \begin{pmatrix} 1 & 2 & 3 \\ 3 & 2 & 1 \end{pmatrix},$$

$$gf = \begin{pmatrix} 1 & 2 & 3 \\ 2 & 1 & 3 \end{pmatrix}\begin{pmatrix} 1 & 2 & 3 \\ 2 & 3 & 1 \end{pmatrix} = \begin{pmatrix} 1 & 2 & 3 \\ 1 & 3 & 2 \end{pmatrix} \neq fg.$$

Die symmetrische Gruppe $\mathbf{S}_3 = \{\epsilon, f, f^2, g, fg, f^2g\}$ ist also nicht kommutativ, und man rechnet in ihr nach den Regeln $f^3 = g^2 = \epsilon$ und $f^2g = gf$.

Betrachtet man in $\mathbf{S}_{n+1}$ die Teilmenge aller Permutationen von $M = \{1, 2, \ldots, n, n+1\}$, die etwa das Element $n + 1 \in M$ fest lassen, so sieht man $\mathbf{S}_n \subset \mathbf{S}_{n+1}$. Dies hat zur Folge, daß sämtliche symmetrischen Gruppen $\mathbf{S}_n$ für $n \geqslant 3$ nicht kommutativ sind.

Ferner finden wir in $\mathbf{S}_n$ spezielle abelsche Untergruppen, die wir noch nicht kennen. Das Element

$$f = \begin{pmatrix} 1 & 2 & 3 & \ldots & n-1 & n \\ 2 & 3 & 4 & \ldots & n & 1 \end{pmatrix} \in \mathbf{S}_n$$

erzeugt die Untergruppe $U = \{f, f^2, \ldots, f^{n-1}, f^n = \epsilon\}$ von $\mathbf{S}_n$. Es handelt sich wirklich um eine Untergruppe von $\mathbf{S}_n$ mit genau n Elementen: U enthält lauter paarweise verschiedene Elemente, denn aus $0 \leqslant i < j \leqslant n - 1$ folgt $f^i(1) = i + 1 < j + 1 = f^j(1)$, also $f^i \neq f^j$. Wegen $f^n = \epsilon$ liegt das Produkt zweier Elemente von U wieder in U. Das Assoziativgesetz braucht nicht nachgeprüft zu werden, da es sogar in $\mathbf{S}_n$ gilt. Es ist $\epsilon \in U$, und wegen $f^if^{n-i} = f^n = \epsilon$, $0 \leqslant i \leqslant n - 1$, gehört mit jedem Element auch dessen Inverses zu U. Offensichtlich ist U abelsch.

Definition: Eine Gruppe, die nur aus den paarweise verschiedenen Potenzen $a, a^2, \ldots, a^n = e$ eines festen Elements a besteht, heißt *zyklische Gruppe* der

Ordnung n; wir nennen sie $\mathbf{Z}_n$. Das Element a heißt *erzeugendes Element* von $\mathbf{Z}_n$.

Aus der oben durchgeführten Konstruktion wissen wir die Existenz zyklischer Gruppen der Ordnung n für jede natürliche Zahl n. Da zwei zyklische Gruppen gleicher Ordnung isomorph sind, ist die Benennung $\mathbf{Z}_n$ für die abstrakte zyklische Gruppe der Ordnung n gerechtfertigt. Damit gilt der

Satz 3: Es sei n eine natürliche Zahl. Dann gibt es genau eine zyklische Gruppe der Ordnung n: $\mathbf{Z}_n$. Sie ist abelsch.

Wählen wir statt der multiplikativen die additive Beschreibung von $\mathbf{Z}_n$, so ist die Verknüpfung der Elemente $k, m \in \mathbf{Z}_n = \{0, 1, 2, \ldots, n-1\}$ durch $k + m = r$ erklärt, wobei r der kleinste nichtnegative Rest ist, der bei normaler Addition von k, m in $\mathbf{Z}$ und anschließender Division durch n entsteht. Das Beispiel $n = 3$ kennen wir schon aus (6.2).

Wir haben damit zu jeder natürlichen Zahl n eine abelsche Gruppe der Ordnung n gefunden. Auf die Frage nach sämtlichen abelschen Gruppen einer vorgegebenen Ordnung n gibt es eine befriedigende Antwort, hingegen kann man schon über die Anzahl der nichtkommutativen Gruppen der Ordnung n nur in Ausnahmefällen genaue Aussagen machen. Man weiß, daß es jeweils nur eine Gruppe von vorgegebener Primzahlordnung gibt: Ist p eine Primzahl, so existiert nur eine Gruppe der Ordnung p, nämlich die zyklische Gruppe $\mathbf{Z}_p$ (Aufgabe 7 in (6.5)). Man kann zeigen, daß $\mathbf{Z}_6$ und $\mathbf{S}_3$ die einzigen Gruppen der Ordnung 6 sind; sie sind nicht isomorph, denn $\mathbf{Z}_6$ ist abelsch, $\mathbf{S}_3$ aber nicht. Alle Gruppen mit Ordnungen $\leqslant 7$ sind uns also nun bekannt.

(6.4) Wir geben zunächst eine vereinfachte Schreibweise für Permutationen an, zum Beispiel

$$\begin{pmatrix} 1 & 2 & 3 & 4 & 5 & 6 & 7 & 8 \\ 2 & 1 & 3 & 7 & 5 & 8 & 6 & 4 \end{pmatrix} = (12)(3)(5)(4768)$$

oder, noch kürzer, (12) (4768). Das bedeutet: 4 geht in 7, 7 in 6, 6 in 8, 8 in 4 über; 1 geht in 2, 2 in 1 über; 3 und 5 bleiben fest. Jede Permutation läßt sich auf diese Weise als Produkt elementefremder Zyklen schreiben. Die Ausmultiplikation von Zyklen erfolgt, wie es für Abbildungen allgemein der Fall ist, von rechts nach links; aber das Produkt elementefremder Zyklen ist natürlich kommutativ: (12) (4768) = (4768) (12). Ein zweielementiger Zyklus, also eine Permutation, die zwei Elemente vertauscht und die übrigen festläßt, heißt *Transposition.* Aussagen über die Darstellung von Permutationen durch (nicht notwendig elementefremde) Transpositionen macht der folgende

Satz 4: Es sei $n \geq 2$ und $f \in \mathbf{S}_n$.

a) Dann gibt es Transpositionen $t_1, t_2, \ldots, t_k \in \mathbf{S}_n$ mit $f = t_1 t_2 \ldots t_k$.

b) Sind $f = t_1 t_2 \ldots t_k$ und $f = t'_1 t'_2 \ldots t'_m$ zwei derartige Darstellungen, so sind k und m entweder beide gerade oder beide ungerade Zahlen.

Beweis:

a) Die identische Permutation aus $\mathbf{S}_n$ besitzt die Darstellung $\epsilon = (12)(12)$. Es sei daher $f \neq \epsilon$ und in

$$f = \begin{pmatrix} 1 & 2 & 3 & \ldots & n \\ a_1 & a_2 & a_3 & \ldots & a_n \end{pmatrix} \in \mathbf{S}_n$$

etwa $a_1 = 1,\ a_2 = 2, \ldots, a_{\lambda-1} = \lambda - 1,\ a_\lambda \neq \lambda\ (1 \leq \lambda < n)$. Linksmultiplikation von f mit der Transposition $t_1 = (\lambda\ a_\lambda)$ liefert

$$t_1 f = \begin{pmatrix} 1 & 2 & 3 & \ldots & n \\ b_1 & b_2 & b_3 & \ldots & b_n \end{pmatrix} \in \mathbf{S}_n$$

mit $b_1 = 1,\ b_2 = 2, \ldots, b_\lambda = \lambda$. Wiederholung des Verfahrens führt zu $t_k t_{k-1} \ldots t_1 f = \epsilon$ oder wegen $t_\kappa t_\kappa = \epsilon$ zu $f = t_1 t_2 \ldots t_k$ mit gewissen Transpositionen $t_\kappa,\ 1 \leq \kappa \leq k$.

b) Wir betrachten das Produkt

$$\begin{aligned} P = P(1, 2, \ldots, n) = (1-2)(1-3)(1-4)&\ldots(1-n) \\ (2-3)(2-4)&\ldots(2-n) \\ (3-4)&\ldots(3-n) \\ &\vdots \\ &(n-1-n) \end{aligned}$$

und ersetzen in ihm überall $i\ (1 \leq i \leq n)$ durch $f(i)$. Dann treten alle Faktoren $(i-j),\ 1 \leq i < j \leq n$, abgesehen von einem Vorzeichenfaktor ± 1, wieder auf. Es entsteht

$$P(f(1), f(2), \ldots, f(n)) = c_f P$$

mit $c_f = +1$ oder $c_f = -1$.

Für Transpositionen $t \in \mathbf{S}_n$ zeigt eine Auszählung $c_t = -1$. Aus $f = t_1 t_2 \ldots t_k = t'_1 t'_2 \ldots t'_m$ folgt also $c_f P = c_{t_1} c_{t_2} \ldots c_{t_k} P = c_{t'_1} c_{t'_2} \ldots c_{t'_m} P$ oder $(-1)^k = (-1)^m$ und daraus der Rest der Behauptung.

Satz 4 erlaubt die

Definition: Ist $f \in \mathbf{S}_n$ das Produkt von k Transpositionen aus $\mathbf{S}_n$, so heißt $(-1)^k$ das *Signum* (Vorzeichen) $\operatorname{sgn} f$ von f. Die Permutation f heißt *gerade*, wenn $\operatorname{sgn} f = 1$ ist, andernfalls *ungerade*.

Satz 5: Es sei $\mathbf{A}_n$ die Menge aller geraden Permutationen aus $\mathbf{S}_n$, $n \geq 2$. Dann ist $\mathbf{A}_n$ eine Untergruppe von $\mathbf{S}_n$ mit $\frac{1}{2}n!$ Elementen. $\mathbf{A}_n$ ist kommutativ nur für $n = 2$ und $n = 3$.

Beweis: Die identische Abbildung ϵ gehört zu $\mathbf{A}_n$. Da das Produkt zweier gerader Permutationen wieder eine gerade Permutation liefert, folgt aus $f, g \in \mathbf{A}_n$ also $gf \in \mathbf{A}_n$. Die Assoziativität der Verknüpfung von $\mathbf{S}_n$ überträgt sich auf $\mathbf{A}_n$. Ist schließlich $f = t_1 t_2 \ldots t_{2k} \in \mathbf{A}_n$, so gehört auch $t_{2k} t_{2k-1} \ldots t_1 = f^{-1}$ zu $\mathbf{A}_n$. In der Tat ist also $\mathbf{A}_n$ eine Untergruppe von $\mathbf{S}_n$.

Wir zeigen weiter, daß es für $n \geqslant 2$ ebensoviele gerade wie ungerade Permutationen gibt. Dazu sei B_n die Menge aller ungeraden Permutationen von $\mathbf{S}_n$. Dann wird durch $\phi(f) = (12)f$, $f \in \mathbf{A}_n$, eine injektive Abbildung $\phi: \mathbf{A}_n \to B_n$ definiert; denn aus $\phi(f) = \phi(f')$ folgt $f = f'$. Es ist daher $|\mathbf{A}_n| \leqslant |B_n|$. Weil entsprechend $\psi: B_n \to \mathbf{A}_n$ vermöge $\psi(g) = (12)g$, $g \in B_n$, injektiv ist, gilt auch $|B_n| \leqslant |\mathbf{A}_n|$, insgesamt also $|\mathbf{A}_n| = |B_n| = \frac{1}{2}|\mathbf{S}_n| = \frac{1}{2}n!$.

Wegen $|\mathbf{A}_2| = 1$, $|\mathbf{A}_3| = 3$ gilt $\mathbf{A}_2 = \mathbf{Z}_1$, $\mathbf{A}_3 = \mathbf{Z}_3$. Dagegen ist $\mathbf{A}_4$ eine nichtkommutative Gruppe der Ordnung 12, denn für $f = (14)(23) \in \mathbf{A}_4$, $g = (12)(14) \in \mathbf{A}_4$ ist $fg = (243) \neq (123) = gf$. Wegen $\mathbf{A}_4 \subset \mathbf{A}_5 \subset \mathbf{A}_6 \subset \ldots$ ergibt sich schließlich noch die Nichtkommutativität aller $\mathbf{A}_n$, $n > 3$.

Wir schließen mit der

Definition: Die Gruppe $\mathbf{A}_n$ aller geraden Permutationen aus $\mathbf{S}_n$, $n \geqslant 2$, heißt die *alternierende Gruppe* vom Index n.

(6.5)

Aufgabe 1: Es sei A eine algebraische Struktur mit einer (multiplikativ geschriebenen) assoziativen Verknüpfung; eine solche Struktur heißt *Halbgruppe*. Für Elemente $a_\nu \in A$ definiert man $a_1 a_2 a_3 = (a_1 a_2) a_3$, $a_1 a_2 a_3 a_4 = (a_1 a_2 a_3) a_4$ usw. Dann behält das Produkt $a_1 a_2 \ldots a_n$ bei jeder Beklammerung denselben Wert. Beweis?

Aufgabe 2: In einer Gruppe G mit dem Einselement e gelte $x^2 = e$ für jedes $x \in G$. Dann ist G abelsch. Beweis?

Aufgabe 3: Man bestimme alle Gruppen der Ordnung 4.

Aufgabe 4: Es seien U_i ($i \in I$, I eine nicht leere Menge von Indizes) Untergruppen der Gruppe G und $D = \bigcap_{i \in I} U_i$. Dann ist auch D eine Untergruppe von G. Beweis?

Aufgabe 5: Es seien G eine Gruppe, a, b, g Elemente aus G und U eine Untergruppe von G. Die Teilmenge

$$gU =_{Df} \{gu: u \in U\} \subset G$$

heißt eine (zu g gehörende) *Linksnebenklasse* von U in G. Dann gilt entweder $aU = bU$ oder $aU \cap bU = \mathbf{L}$. Beweis?

Aufgabe 6: Es sei U eine Untergruppe der endlichen Gruppe G. Dann ist $|U|$ ein Teiler von $|G|$. Beweis? (Anleitung: Man benutze Aufgabe 5.)

Aufgabe 7: Es sei p eine Primzahl. Dann gibt es genau eine Gruppe der Ordnung p, die zyklische Gruppe $\mathbf{Z}_p$. Beweis? (Anleitung: Man benutze Aufgabe 6.)

Aufgabe 8: Es sei G eine Gruppe der Ordnung n. Dann gilt $g^n = e$ für alle $g \in G$. Beweis?

Bemerkung: Besonders die Ergebnisse der Aufgaben 6 und 8 werden oft benutzt.

§ 7 Ringe

(7.1) Das normale Rechnen in $\mathbf{Z}$, $\mathbf{Q}$ oder $\mathbf{R}$ spiegelt sich in einer so einfachen Struktur wie der einer Gruppe nur ungenügend wieder. Daher ist es sinnvoll, algebraische Strukturen mit zwei Verknüpfungen zu untersuchen, die wir der Einfachheit halber als Addition und Multiplikation bezeichnen.

Definition: Eine Menge R mit zwei Verknüpfungen $(+, \cdot)$ heißt ein *Ring*, wenn folgende Bedingungen erfüllt sind:

(1) R ist bezüglich der Addition eine abelsche Gruppe.

(2) Die Multiplikation in R ist assoziativ.

(3) Für alle $a, b, c \in R$ gelten die Distributivgesetze

$$a(b + c) = (ab) + (ac) =_{Df} ab + ac,$$
$$(b + c)a = (ba) + (ca) =_{Df} ba + ca.$$

Ist die Multiplikation kommutativ, so heißt der Ring *kommutativ*. Ein Element $1 \in R \neq \{0\}$ heißt *Einselement*, wenn $1 \cdot r = r \cdot 1 = r$ für jedes $r \in R$ gilt.

Die Forderung (1) bestimmt die Eigenschaften der Addition in R; sämtliche Resultate des § 6 übertragen sich auf $R(+)$, insbesondere besitzt jeder Ring genau ein additionsneutrales Element, das Nullelement 0. Die Forderung (2) beschreibt die Multiplikation in R, und durch (3) wird schließlich ein Zusammenhang zwischen den Verknüpfungen hergestellt. Die zugleich getroffene Vereinbarung, daß die Multiplikation wie üblich stärker bindet als die Addition, dient der Klammerersparnis. Zwei verschiedene Einselemente 1 und $1'$ kann ein Ring wegen $1 = 1 \cdot 1' = 1'$ nicht enthalten; er besitzt also höchstens ein Einselement.

Eine Teilmenge U eines Ringes R nennen wir einen *Unterring* von R, wenn U hinsichtlich der Verknüpfungen in R selbst wieder ein Ring ist.

Ein triviales Beispiel für einen Ring ist der *Nullring* $\{0\}$ mit $0 + 0 = 0 \cdot 0 = 0$, der als einziges Element die wegen (1) jedenfalls vorhandene Null enthält. Wir kennen die Ringe $\mathbf{Z}(+, \cdot), \mathbf{Q}(+, \cdot), \mathbf{R}(+, \cdot)$; sie sind kommutativ und besitzen ein Einselement. Es gibt auch Ringe ohne Einselement; etwa ist die Menge $2\mathbf{Z}$ aller geraden ganzen Zahlen ein kommutativer echter Unterring (d. h. $2\mathbf{Z} \subset \mathbf{Z}$, $2\mathbf{Z} \neq \mathbf{Z}$) von $\mathbf{Z}(+, \cdot)$ ohne Eins.

Sind a, b Elemente eines Ringes, so schreiben wir statt $-(ab)$ wieder nur $-ab$. Eine multiplikative Eigenschaft der Null sowie die bekannten Vorzeichenregeln beinhaltet der nachstehende

Satz 1: In Ringen gelten die Rechenregeln $a \cdot 0 = 0 \cdot a = 0$, $a(-b) = (-a)b = -ab$, $(-a)(-b) = ab$, $a(b - c) = ab - ac$, $(b - c)a = ba - ca$.

Beweis: Aus $a \cdot 0 = a \cdot (0 + 0) = a \cdot 0 + a \cdot 0$ folgt $a \cdot 0 = 0$; analog wird $0 \cdot a = 0$. Aus $ab + (-a)b = (a + (-a))b = 0 \cdot b = 0$ ergibt sich $(-a)b = -ab$; entsprechend bekommt man $a(-b) = -ab$. Also gilt auch $(-a)(-b) = a(-(-b))$

$= ab$. Schließlich ist noch $a(b - c) = ab + a(-c) = ab - ac$ und genauso $(b - c)a = ba - ca$.

Als direkte Folgerung notieren wir, daß in einem Ring mit Einselement stets $1 \neq 0$ gilt. Es war daher sinnvoll, den Begriff des Einselementes nur in vom Nullring verschiedenen Ringen zu definieren.

(7.2) Wir beschäftigen uns nun mit einer speziellen Eigenschaft des Ringes der ganzen Zahlen, die sehr oft benötigt wird. Dazu teilen wir die Elemente von $\mathbf{Z}$ in drei Sorten ein: die Null 0, die *Einheiten* $+1$ und -1 (das sind die sämtlichen Teiler der Eins), die von der Null und den Einheiten verschiedenen Zahlen. Jede ganze Zahl $n \notin \{0, 1, -1\}$ läßt sich eindeutig darstellen als Produkt einer Einheit und einer natürlichen Zahl $\neq 1$. Eine natürliche Zahl $p \neq 1$ heißt *Primzahl*, wenn aus $d \in \mathbf{N}$ und $d \mid p$ entweder $d = 1$ oder $d = p$ folgt (vgl. Aufgabe 7 aus (4.3)). Die Bedeutung der Primzahlen beruht auf dem folgenden durchaus nicht selbstverständlichen

Satz 2: Jede von $0, 1, -1$ verschiedene ganze Zahl ist als Produkt von Primzahlen und einer Einheit darstellbar. Diese Darstellung ist, abgesehen von der Reihenfolge der Faktoren, eindeutig.

Beweis: Wir haben nur noch zu zeigen, daß jede natürliche Zahl $n \neq 1$ eindeutig als Produkt von Primzahlen geschrieben werden kann. Den Nachweis erbringen wir durch vollständige Induktion nach n. Die Aussage ist wahr für $n = 2$, denn 2 ist eine Primzahl und als solche eindeutiges Produkt von Primzahlen.
Unter der Induktionsannahme, daß die Behauptung schon zutrifft auf alle natürlichen Zahlen ν, $2 \leqslant \nu < n$, zeigen wir:

a) Die Existenz einer Primfaktorzerlegung der natürlichen Zahl n. Entweder ist n schon selbst Primzahl, dann sind wir fertig, oder n ist nicht Primzahl. In diesem Fall besitzt n nichttriviale, das heißt von 1 und n verschiedene Teiler. Unter diesen höchstens endlich vielen nichttrivialen Teilern gibt es dann einen kleinsten, den wir mit d bezeichnen: $n = d\nu$ mit $d, \nu \in \mathbf{N}$ und $1 < d \leqslant \nu < n$. Da jeder Teiler von d auch Teiler von n ist, kann d nur die trivialen Teiler 1 und d besitzen. Andernfalls besäße n noch einen nichttrivialen Teiler $< d$ im Widerspruch zur Minimalität von d. Also ist d Primzahl. Nach der Induktionsannahme ist ν als Produkt von Primzahlen darstellbar, also auch $n = d\nu$.

b) Die Eindeutigkeit der Primfaktorzerlegung der natürlichen Zahl n. Wieder brauchen wir nur den Fall zu betrachten, daß n nicht schon selbst Primzahl ist. Nach a) gibt es dann eine Zerlegung $n = p\nu$ mit einem minimalen Primteiler p von n und $2 \leqslant \nu < n$. Wegen der vorausgesetzten Eindeutigkeit der Primfaktorzerlegung von ν ist jede andere Zerlegung von n, in der auch p vorkommt, mit der schon konstruierten identisch. Es gibt ferner keine Zerlegung von n, die einen Primfaktor $q < p$ enthält, denn p ist ja minimaler Primteiler von n. Es sei also $n = q\mu$ mit einer Primzahl $q > p$ und einer natürlichen Zahl μ, $2 \leqslant \mu < n$, in deren laut Induktionsannahme eindeutiger Primfaktorzerlegung nur Primzahlen $> p$ auftreten. Wir betrachten nun $m = n - p\mu = p(\nu - \mu) = (q - p)\mu$; wegen $q > p$ und $\mu \geqslant 2$ ist m eine natürliche Zahl mit $2 \leqslant m < n$. Auf m trifft daher die Induktionsannahme der eindeutigen Zerlegbarkeit in Primfaktoren zu. Folglich muß der Primteiler p von m auch in einem der Faktoren von $m = (q - p)\mu$ aufgehen. Da μ nur Primfaktoren $> p$ enthält, muß p ein Teiler von $q - p$, also auch von q sein. Dies ist aber unmöglich, denn p und q sind verschiedene Primzahlen. Die Annahme zweier unterschiedlicher Primfaktorzerlegungen von n ist falsch. Es gibt nur eine, wie behauptet.

Dieser Beweis stammt von *E. Zermelo* (1871–1953).

Zwei ganze Zahlen, deren gemeinsame Teiler nur Einheiten sind, heißen *teilerfremd*. Auf Satz 2 beruht die häufig verwendete Aussage von

Satz 3: Es seien a, b, c von Null verschiedene ganze Zahlen; a und b seien teilerfremd, und es gelte $a \mid bc$. Dann folgt $a \mid c$.

Beweis: Ist a eine Einheit, so gilt $a \mid c$ für jedes $c \in \mathbf{Z}$. Es sei also a weder Null noch Einheit. Nach Satz 2 müssen sämtliche Primfaktoren von a auch in der Primfaktorzerlegung von bc auftreten; da wegen der Teilerfremdheit von a, b keiner von ihnen in b vorkommt, gehen sie alle in c auf, und zwar jeder einzelne so oft wie in a. Das heißt $a \mid c$.

(7.3) Wir konstruieren, ausgehend vom Ring $\mathbf{Z}$ der ganzen Zahlen, einen wichtigen Typ endlicher Ringe. Gegeben sei eine feste natürliche Zahl n. Für $a \in \mathbf{Z}$ setzen wir

$$K(a) =_{Df} \{x\colon x \in \mathbf{Z}, x = a + \lambda n, \lambda \in \mathbf{Z}\}.$$

Es besteht also $K(a)$ aus sämtlichen ganzen Zahlen, die sich von a nur um ganzzahlige Vielfache von $n \in \mathbf{N}$ unterscheiden. Demnach gilt

(4) $$K(a) = K(a') \Leftrightarrow n \mid (a - a'),$$

(5) $$\mathbf{Z} = K(0) \cup K(1) \cup K(2) \cup \ldots \cup K(n-1).$$

Die Mengen $K(a)$ heißen *Restklassen modulo n*. Auf der n-elementigen Menge $Z_n =_{Df} \{K(0), K(1), \ldots, K(n-1)\}$ der Restklassen modulo n führen wir zwei Verknüpfungen $(+, \cdot)$ ein:

(6) $$K(a) + K(b) =_{Df} K(a + b),$$

(7) $$K(a) \cdot K(b) =_{Df} K(ab).$$

Die so vereinbarten Verknüpfungen zweier Klassen $K(a), K(b)$ sind damit zurückgeführt auf die in $\mathbf{Z}$ übliche Addition bzw. die in $\mathbf{Z}$ übliche Multiplikation der *Repräsentanten* $a, b \in \mathbf{Z}$. Zwar ist jede Restklasse modulo n durch die Angabe eines Repräsentanten vollständig festgelegt, jedoch ist es nicht von vornherein klar, ob vielleicht die Verknüpfungsergebnisse zweier Klassen von der zufälligen Wahl der Repräsentanten abhängen. Um sagen zu können, daß es sich bei (6) und (7) wirklich um Definitionen handelt, haben wir also noch die Unabhängigkeit der Verknüpfungsergebnisse von den Repräsentanten, das heißt

$$[K(a) = K(a'), K(b) = K(b')] \Rightarrow K(a+b) = K(a'+b')$$

und

$$[K(a) = K(a'), K(b) = K(b')] \Rightarrow K(ab) = K(a'b')$$

nachzuprüfen:

Wegen (4) ist $[K(a) = K(a'), K(b) = K(b')]$ gleichwertig mit $[n \mid (a - a'), n \mid b - b')]$. Hieraus ergibt sich sowohl

$$n \mid ((a-a') + (b-b')) \Rightarrow n \mid ((a+b) - (a'+b')) \Rightarrow K(a+b) = K(a'+b')$$

als auch

$$\begin{aligned} n \mid (a-a')(b-b') &\Rightarrow n \mid ((ab - a'b') - a'(b-b') - b'(a-a')) \\ &\Rightarrow n \mid (ab - a'b') \\ &\Rightarrow K(ab) = K(a'b'), \end{aligned}$$

und dies bedeutet in der Tat die Unabhängigkeit der Verknüpfungen zweier Klassen von ihren Repräsentanten; (6) und (7) sind Definitionen.

Wir zeigen weiter: $Z_n(+, \cdot)$ ist ein kommutativer Ring. Durch (6) und (7) sind Verknüpfungen von $Z_n \neq \mathbf{L}$ definiert. Sie sind beide assoziativ,

$$\begin{aligned} K(a) + (K(b) + K(c)) &= K(a) + K(b+c) = K(a + (b+c)) \\ &= K((a+b)+c) = K(a+b) + K(c) = (K(a) + K(b)) + K(c), \\ K(a) \cdot (K(b) \cdot K(c)) &= K(a) \cdot K(b \cdot c) = K(a \cdot (b \cdot c)) \\ &= K((a \cdot b) \cdot c) = K(a \cdot b) \cdot K(c) = (K(a) \cdot K(b)) \cdot K(c), \end{aligned}$$

und kommutativ,

$$\begin{aligned} K(a) + K(b) &= K(a+b) = K(b+a) = K(b) + K(a), \\ K(a) \cdot K(b) &= K(a \cdot b) = K(b \cdot a) = K(b) \cdot K(a). \end{aligned}$$

Dies liegt ersichtlich an der Assoziativität und der Kommutativität der normalen Addition und Multiplikation in $\mathbf{Z}$. Ferner enthält Z_n das Nullelement $K(0)$ und zu jeder Restklasse $K(a)$ das additive Inverse $K(-a)$, bildet daher eine additive abelsche Gruppe. Auch die Distributivgesetze, von denen wir wegen der Kommutativität der Multiplikation nur

$$\begin{aligned} K(a)(K(b) + K(c)) &= K(a)K(b+c) = K(a(b+c)) \\ &= K(ab+ac) = K(ab) + K(ac) = K(a)K(b) + K(a)K(c) \end{aligned}$$

nachzuprüfen brauchen, sind in Z_n gültig; sie folgen einfach aus den entsprechenden Distributivgesetzen in $\mathbf{Z}$.

Offenbar gilt $Z_n(+) \simeq \mathbf{Z}_n(+)$; der vermittelnde Gruppenisomorphismus $f: Z_n \to \mathbf{Z}_n$ überführt die Klasse $K(a) \in Z_n$, $a \in \mathbf{Z}$, $0 \leqslant a \leqslant n-1$, in das Element $a \in \mathbf{Z}_n$. Wir schreiben deshalb einfach $Z_n = \mathbf{Z}_n$ und haben durch (7) der additiv geschriebenen zyklischen Gruppe $\mathbf{Z}_n$ in natürlicher Weise noch eine Multiplikation aufgeprägt. Wir nennen $\mathbf{Z}_n = \{K(0), K(1), \ldots, K(n-1)\}$ mit den Verknüpfungen $(+, \cdot)$ gemäß (6) und (7) den *Restklassenring modulo n*. Er besitzt für $n > 1$ das Einselement $K(1)$; für $n = 1$ ist $\mathbf{Z}_n$ der Nullring. Man addiert und multipliziert in $\mathbf{Z}_n$ wie in $\mathbf{Z}$, setzt aber Vielfache von n gleich Null. Statt $K(a) = K(a')$ schreibt man auch

$$a \equiv a' \bmod n \quad \text{oder} \quad a \equiv a'(n)$$

und sagt, a und a' seien *kongruent modulo n*. Das Rechnen mit Kongruenzen erfolgt nach den Definitionen (6) und (7), das heißt, es gelten die Regeln

(6') $\quad a \equiv a' \bmod n,\ b \equiv b' \bmod n \Rightarrow a + b \equiv a' + b' \bmod n,$

(7') $\quad a \equiv a' \bmod n,\ b \equiv b' \bmod n \Rightarrow a \cdot b \equiv a' \cdot b' \bmod n.$

Rechnet man in $\mathbf{Z}_n$, so darf statt $K(a)$ auch $K(a')$ geschrieben werden, wenn $a \equiv a' \bmod n$ ist. Das bedeutet, daß man in einer Kongruenz modulo n eine Zahl a durch eine zu ihr kongruente a' ersetzen darf.

Der Kongruenzbegriff stellt bei Teilbarkeitsfragen in $\mathbf{Z}$ ein außerordentlich nützliches Hilfsmittel dar. Er geht auf *C. F. Gauß* (1777–1855) zurück.

Beispielsweise ist man aus hier nicht zu erläuternden Gründen daran interessiert, Zahlen der Gestalt $2^{2^k} + 1$, $k \in \mathbf{N} \cup \{0\}$, daraufhin zu untersuchen, für welche Werte von k sie Primzahlen liefern. Primzahlen dieser Gestalt heißen *Fermat*sche Primzahlen (*P. Fermat*, 1601–1665) oder *Gauß*sche Primzahlen. Nur fünf *Fermat*sche Primzahlen sind bis heute bekannt, nämlich für $k = 0, 1, 2, 3, 4$. Für $k = 5$ ist $2^{2^k} + 1$ nicht Primzahl, denn es gilt $641 \mid 2^{32} + 1$. Wir weisen dies auf zwei nicht wesentlich voneinander verschiedene Arten nach:

a) Wir rechnen in $\mathbf{Z}_{641}$ und zeigen $K(2^{32} + 1) = K(0)$. Wegen $641 = 5 \cdot 2^7 + 1 = 5^4 + 2^4$ gelten die Identitäten $K(5 \cdot 2^7) = K(-1)$ und $K(5^4) = K(-2^4)$. Aus der ersten folgt durch Potenzieren $K(5^4)K(2^{28}) = K(1)$, mit der zweiten weiter $K(-2^{32}) = K(1)$, also $K(2^{32} + 1) = K(0)$.

b) Wir rechnen mit Kongruenzen nach den Regeln (6') und (7'). Wie unter a) gilt $5 \cdot 2^7 \equiv -1 \bmod 641$, $5^4 \equiv -2^4 \bmod 641$, also $5^4 \cdot 2^{28} \equiv 1 \bmod 641$ und weiter $-2^{32} \equiv 1 \bmod 641$. Das heißt $641 \mid 2^{32} + 1$.

(7.4) In Ringen kann es vorkommen, daß das Produkt zweier von Null verschiedener Elemente Null ergibt; zum Beispiel gilt im Restklassenring $\mathbf{Z}_6 = \{K(0), K(1), K(2), K(3), K(4), K(5)\}$ die Gleichung $K(2)K(3) = K(2 \cdot 3) = K(0)$, es ist aber $K(2) \neq K(0)$, $K(3) \neq K(0)$.

Definition: Ein Element $a \neq 0$ eines Ringes R heißt *linker Nullteiler*, wenn ein $b \neq 0$ in R existiert mit $ab = 0$. Entsprechend heißt $a \in R$, $a \neq 0$, *rechter Nullteiler*, wenn es ein $b \in R$, $b \neq 0$, mit $ba = 0$ gibt. Ein nullteilerfreier kommutativer Ring $R \neq \{0\}$ heißt *Integritätsbereich*.

Keine Integritätsbereiche sind also die Restklassenringe $\mathbf{Z}_n$, es sei denn, n ist eine Primzahl. Aus $n = a \cdot b$ mit $a, b \in \mathbf{N}$, $1 < a \leqslant b < n$, folgt nämlich $K(a)K(b) = K(a \cdot b) = K(0)$ in $\mathbf{Z}_n$, aber $K(a) \neq K(0)$, $K(b) \neq K(0)$. Ist andererseits $n = p$ eine Primzahl, so bedeutet $K(a)K(b) = K(0)$, $K(a) \neq K(0)$, in $\mathbf{Z}_p$ dasselbe wie $p|ab$, $p \nmid a$ in $\mathbf{Z}$. Nach Satz 3 folgt dann $p|b$, also $K(b) = K(0)$.

Mit $\mathbf{Z}(+, \cdot)$, $\mathbf{Q}(+, \cdot)$, $\mathbf{R}(+, \cdot)$ kennen wir weitere Integritätsbereiche mit Einselement. Überdies finden wir in $\mathbf{Q}$ bzw. $\mathbf{R}$ zu jeder von Null verschiedenen Zahl sogar ein multiplikatives Inverses. Diese Eigenschaft nehmen wir zum Anlaß für die folgende

Definition: Ein kommutativer Ring K mit Einselement heißt ein *Körper*, wenn es zu jedem $a \in K$, $a \neq 0$, ein *Inverses* $a^{-1} \in K$ mit $aa^{-1} = a^{-1}a = 1$ gibt.

Jeder Körper K ist ein Integritätsbereich; denn aus $a, b \in K$, $a \neq 0$ und $ab = 0$ folgt $a^{-1}(ab) = a^{-1}0 = 0$, also $b = 0$. Deswegen ist die Menge K_0 aller von Null verschiedenen Elemente eines Körpers K eine Gruppe bezüglich der Multiplikation; aus $a, b \in K_0$ folgt nämlich $ab \in K_0$, und die anderen Gruppenaxiome ergeben sich aus der Körperdefinition. Man nennt $K_0 = \{x : x \in K, x \neq 0\}$ die *multiplikative Gruppe* von K. Speziell folgt also aus § 6 die Eindeutigkeit des Inversen a^{-1} eines $a \in K, a \neq 0$.

Verwendet man in Körpern die wegen der Kommutativität der Multiplikation eindeutige Schreibweise $\frac{a}{b}$ oder $a : b$ für ab^{-1} $(b \neq 0)$, so gelten die üblichen aus $\mathbf{Q}(+, \cdot)$ bekannten *Bruchrechenregeln:*

$$\frac{a}{b} = \frac{ac}{bc} \quad (bc \neq 0), \qquad \frac{a}{c}\,\frac{b}{d} = \frac{ab}{cd} \quad (cd \neq 0),$$

$$\frac{a}{b} : \frac{c}{d} = \frac{ad}{bc} \quad (bcd \neq 0), \qquad \frac{a}{b} \pm \frac{c}{d} = \frac{ad \pm bc}{bd} \quad (bd \neq 0).$$

Ihr Nachweis ist ganz einfach:

$$\frac{a}{b} = ab^{-1} = (ac)(c^{-1}b^{-1}) = (ac)(bc)^{-1} = \frac{ac}{bc},$$

$$\frac{a}{c}\,\frac{b}{d} = (ac^{-1})(bd^{-1}) = (ab)(d^{-1}c^{-1}) = (ab)(cd)^{-1} = \frac{ab}{cd},$$

$$\frac{a}{b} : \frac{c}{d} = (ab^{-1})(cd^{-1})^{-1} = (ab^{-1})(dc^{-1}) = (ad)(c^{-1}b^{-1}) = (ad)(bc)^{-1} = \frac{ad}{bc},$$

$$\frac{a}{b} \pm \frac{c}{d} = (ab^{-1}) \pm (cd^{-1}) = (ad)(d^{-1}b^{-1}) \pm (bc)(d^{-1}b^{-1}) = (ad \pm bc)(bd)^{-1} = \frac{ad \pm bc}{bd}.$$

Man rechnet also in einem Körper ähnlich wie in $\mathbf{Q}(+, \cdot)$ oder $\mathbf{R}(+, \cdot)$. Es gibt auch endliche Körper; zum Beispiel ist jeder endliche Integritätsbereich und damit jeder Restklassenring $\mathbf{Z}_p$, p Primzahl, ein Körper (vgl. Aufgabe 5 in (7.5)). Diese Kenntnis ist gelegentlich von Nutzen, wie die folgende zahlentheoretische Anwendung (*Wilson*sche Kongruenz) zeigt.

Satz 4: Die natürliche Zahl $p \neq 1$ ist genau dann Primzahl, wenn

$$(p - 1)! \equiv -1 \mod p$$

gilt.

Beweis: Ist die natürliche Zahl $p \neq 1$ nicht Primzahl, so besitzt sie einen nicht trivialen Teiler k, $1 < k < p$, und es wird $(p - 1)! \equiv 0 \mod k$, das heißt $(p - 1)! \not\equiv -1 \mod k$, also erst recht $(p - 1)! \not\equiv -1 \mod p$. Es sei nun p eine ungerade Primzahl; wir rechnen das Produkt $(p - 1)!$ modulo p aus: Im Körper $\mathbf{Z}_p$ gilt

$$K((p - 1)!) = K(1)K(2) \ldots K(p - 2)K(p - 1) = K(1)K(-1) \{K(2) \ldots K(p - 2)\}.$$

Die Anzahl der in der geschweiften Klammer stehenden Faktoren ist gerade. Jede darin auftretende Restklasse $K(\nu)$, $2 \leqslant \nu \leqslant p - 2$, besitzt ein inverses Element in $\mathbf{Z}_p$. Es steht ebenfalls in der geschweiften Klammer und ist von $K(\nu)$ verschieden, denn aus $K(\nu)K(\nu) = K(1)$ folgt $(K(\nu) - K(1))(K(\nu) + K(1)) = K(0)$, also wegen der Nullteilerfreiheit von $\mathbf{Z}_p$ entweder $K(\nu) = K(1)$ oder $K(\nu) = K(-1)$. Die Restklassen $K(2), \ldots, K(p - 2)$ lassen sich daher paarweise mit ihren jeweiligen Inversen zusammenfassen: $\{K(2) \ldots K(p - 2)\} = K(1)$. Es wird $K((p - 1)!) = K(1)K(-1) = K(-1)$ oder $(p - 1)! \equiv -1 \mod p$. Das Bestehen dieser Kongruenz auch für $p = 2$ ist offensichtlich, der Satz damit nachgewiesen.

(7.5)

Aufgabe 1: Es sei R ein kommutativer Ring, und es werde für $r \in R, k \in \mathbf{N}$ die Schreibweise $kr =_{Df} r + r + \ldots + r$ (k Summanden r) verabredet. Dann gilt der binomische Lehrsatz

$$(a + b)^n = \sum_{\nu=0}^{n} \binom{n}{\nu} a^\nu b^{n-\nu} \quad (a, b \in R; n \in \mathbf{N}).$$

Beweis?

Aufgabe 2: Es sei R ein kommutativer Ring mit dem Einselement $1 \in R$. Ein Element $r \in R$ heißt *Einheit*, wenn es ein $r' \in R$ mit $rr' = 1$ gibt. Die Menge E der Einheiten aus R bildet bezüglich der Multiplikation aus R eine Gruppe, die sogenannte Einheitengruppe von R. Beweis?
(Bemerkung: In einem Körper ist jedes von Null verschiedene Element also Einheit.)

Aufgabe 3: Man löse die Kongruenz $8x \equiv 11 \mod 13$.

Aufgabe 4: Man löse das Kongruenzsystem

$$\begin{aligned} 2x + 4y + 5z &\equiv 2 \bmod 7, \\ y + 2z &\equiv 0 \bmod 7, \\ 6x + 7y + 8z &\equiv 3 \bmod 7. \end{aligned}$$

Aufgabe 5: Jeder endliche Integritätsbereich ist ein Körper. Beweis?

Aufgabe 6: Man gebe einen neuen Beweis des sogenannten *kleinen Fermatschen Satzes* der Zahlentheorie: Für jede natürliche Zahl n und jede Primzahl p gilt $n^p \equiv n \bmod p$ (vgl. Aufgabe 7 aus (4.3)).
Anleitung: Man rechne in $\mathbf{Z}_p$ und verwende die Aufgabe 8 aus (6.5).

§ 8 Vektorrechnung

(8.1) Im folgenden betreiben wir auf anschauliche Weise ebene und räumliche Geometrie.

Zur rechnerischen Beschreibung geometrischer Sachverhalte führen wir geeignete Begriffe ein. Unter einem *Vektor* verstehen wir eine orientierte Strecke. Zwei Vektoren nennen wir genau dann gleich, wenn sie sich durch eine Parallelverschiebung ineinander überführen lassen, wenn sie also in *Länge, Richtung* und *Orientierung* übereinstimmen. Vektoren stellen wir durch Pfeile dar und bezeichnen sie mit kleinen deutschen Buchstaben: $\mathfrak{a}, \mathfrak{b}, \mathfrak{c}, \ldots, \mathfrak{x}, \mathfrak{y}, \mathfrak{z}$.

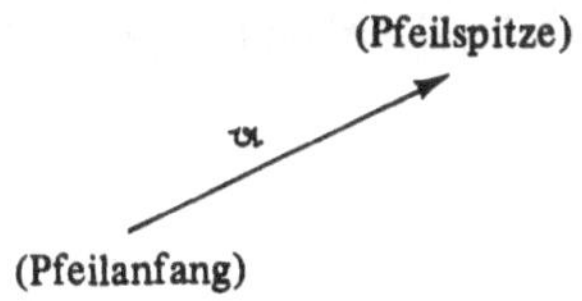

Auf der Menge V der ebenen bzw. räumlichen Vektoren definieren wir eine additiv geschriebene Verknüpfung: Unter der Summe $\mathfrak{a} + \mathfrak{b}$ zweier Vektoren $\mathfrak{a}, \mathfrak{b}$ verstehen wir denjenigen Vektor, der vom Pfeilanfang von $\mathfrak{a}$ zur Pfeilspitze von $\mathfrak{b}$ zeigt, wobei der Pfeilanfang von $\mathfrak{b}$ an die Pfeilspitze von $\mathfrak{a}$ angelegt ist.

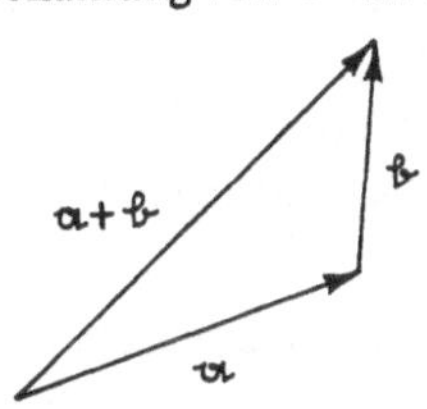

Der Summenvektor $\mathfrak{a} + \mathfrak{b}$ ist hierdurch wirklich definiert, denn eine Parallelverschiebung der Konstruktion läßt seine Länge, seine Richtung und seine Orientierung fest.

Wir zeigen, daß V(+) eine abelsche Gruppe ist. Assoziativität und Kommutativität der Addition ergeben sich aus den nachstehenden Figuren.

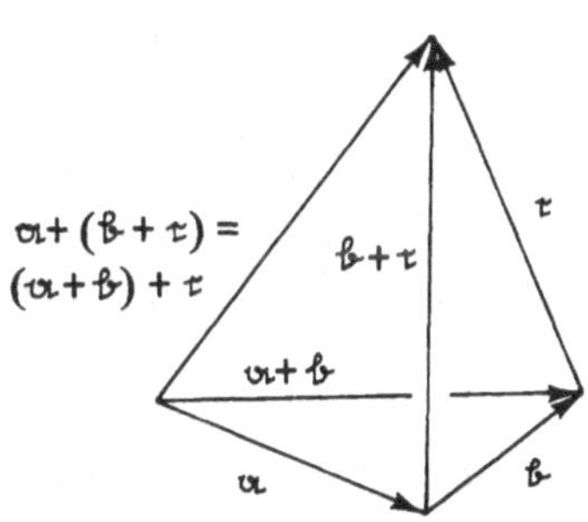

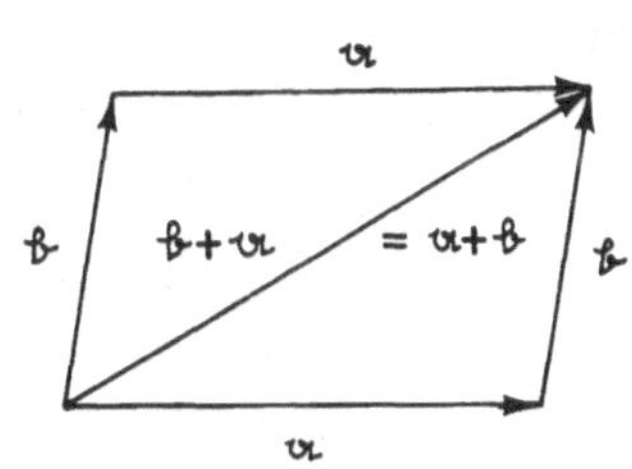

Der Vektor $\mathfrak{o} \in V$ der Länge Null erfüllt die Gleichung $\mathfrak{a} + \mathfrak{o} = \mathfrak{a}$ für jeden Vektor $\mathfrak{a} \in V$. Wir nennen ihn den *Nullvektor*. Schließlich existiert zu jedem $\mathfrak{a} \in V$ ein Vektor $-\mathfrak{a} \in V$ gleicher Länge und Richtung, aber entgegengesetzter Orientierung; für ihn gilt $\mathfrak{a} + (-\mathfrak{a}) = \mathfrak{o}$. Wie üblich schreiben wir wieder $\mathfrak{a} - \mathfrak{b}$ statt $\mathfrak{a} + (-\mathfrak{b})$.

Wir erklären noch eine Multiplikation, die jedem Paar $(\lambda, \mathfrak{x})$ mit der reellen Zahl λ und dem Vektor $\mathfrak{x}$ eindeutig einen Vektor $\lambda\mathfrak{x}$ zuordnet: Unter $\lambda\mathfrak{x}$ verstehen wir denjenigen Vektor, der die $|\lambda|$-fache Länge und die Richtung von $\mathfrak{x}$ besitzt; für $\lambda \geqslant 0$ stimme ferner die Orientierung von $\lambda\mathfrak{x}$ mit der Orientierung von $\mathfrak{x}$ überein, für $\lambda < 0$ seien dagegen $\lambda\mathfrak{x}$ und $-\mathfrak{x}$ gleichorientiert. Offenbar ist $\lambda\mathfrak{x}$ dadurch wirklich definiert, und es gelten die Regeln

(1) $(\lambda\mu)\mathfrak{x} = \lambda(\mu\mathfrak{x}) =_{\mathrm{Df}} \lambda\mu\mathfrak{x}$,

(2) $(\lambda + \mu)\mathfrak{x} = (\lambda\mathfrak{x}) + (\mu\mathfrak{x}) =_{\mathrm{Df}} \lambda\mathfrak{x} + \mu\mathfrak{x}$,

(3) $\lambda(\mathfrak{x} + \mathfrak{y}) = (\lambda\mathfrak{x}) + (\lambda\mathfrak{y}) =_{\mathrm{Df}} \lambda\mathfrak{x} + \lambda\mathfrak{y}$,

(4) $1 \cdot \mathfrak{x} = \mathfrak{x}$

für alle $\lambda, \mu \in \mathbf{R}$ und alle $\mathfrak{x}, \mathfrak{y} \in V$. Also ist V ein Vektorraum über $\mathbf{R}$ im Sinne der folgenden abstrakten

Definition: Eine abelsche Gruppe $V(+)$ heißt *Vektorraum über dem Körper* K, wenn für jedes $\lambda \in K$ und für jedes $\mathfrak{x} \in V$ ein Produkt $\lambda\mathfrak{x} \in V$ (also eine Abbildung von $K \times V$ in V) erklärt ist, so daß die Eigenschaften (1), (2), (3), (4) für alle $\lambda, \mu \in K$ und $\mathfrak{x}, \mathfrak{y} \in V$ gelten. Die Elemente von V heißen *Vektoren*, die Elemente von K *Skalare*.

Die Theorie der Vektorräume ist der Inhalt der sogenannten linearen Algebra.

(8.2) Es seien zwei Vektoren $\mathfrak{a}_1, \mathfrak{a}_2$ gegeben; wir wollen untersuchen, welche skalaren Lösungen λ_1, λ_2 die Gleichung $\lambda_1\mathfrak{a}_1 + \lambda_2\mathfrak{a}_2 = \mathfrak{o}$ besitzt. Eine Lösung läßt sich stets angeben, nämlich $\lambda_1 = \lambda_2 = 0$. Es könnte sein, daß es darüber hinaus noch weitere nicht triviale Lösungen λ_1, λ_2 gibt, die nicht beide zugleich Null sind. In diesem Fall läßt sich einer der Vektoren $\mathfrak{a}_1, \mathfrak{a}_2$ durch den anderen ausdrücken; die Abhängigkeit ist linear. Wir geben die verallgemeinernde

Definition: Die Vektoren $\mathfrak{a}_1, \mathfrak{a}_2, \ldots, \mathfrak{a}_n$ $(n \in \mathbf{N})$ eines Vektorraumes V über K heißen *linear unabhängig*, wenn aus $\lambda_1\mathfrak{a}_1 + \lambda_2\mathfrak{a}_2 + \ldots + \lambda_n\mathfrak{a}_n = \mathfrak{o}$ notwendig $\lambda_1 = \lambda_2 = \ldots = \lambda_n = 0$ folgt, wenn also der Nullvektor nur die triviale Darstellung als *Linearkombination* von $\mathfrak{a}_1, \mathfrak{a}_2, \ldots, \mathfrak{a}_n$ gestattet. Gibt es dagegen nicht sämtlich verschwindende Skalare $\lambda_1, \lambda_2, \ldots, \lambda_n$ mit $\lambda_1\mathfrak{a}_1 + \lambda_2\mathfrak{a}_2 + \ldots + \lambda_n\mathfrak{a}_n = \mathfrak{o}$, so heißen die Vektoren $\mathfrak{a}_1, \mathfrak{a}_2, \ldots, \mathfrak{a}_n$ *linear abhängig*.

Wir bemerken, daß je k, $1 \leqslant k \leqslant n$, von n linear unabhängigen Vektoren $\mathfrak{a}_1, \mathfrak{a}_2, \ldots, \mathfrak{a}_n$ ebenfalls linear unabhängig sind. Wären nämlich etwa

$\mathfrak{a}_1, \mathfrak{a}_2, \ldots, \mathfrak{a}_k$ linear abhängig, so gäbe es eine Beziehung der Form $\lambda_1\mathfrak{a}_1 + \lambda_2\mathfrak{a}_2 + \ldots + \lambda_k\mathfrak{a}_k = \mathfrak{o}$ mit nicht sämtlich verschwindenden Skalaren $\lambda_1, \lambda_2, \ldots, \lambda_k$. Also wäre auch $\lambda_1\mathfrak{a}_1 + \lambda_2\mathfrak{a}_2 + \ldots + \lambda_k\mathfrak{a}_k + 0 \cdot \mathfrak{a}_{k+1} + \ldots + 0 \cdot \mathfrak{a}_n = \mathfrak{o}$ eine derartige Beziehung zwischen den Vektoren $\mathfrak{a}_1, \mathfrak{a}_2, \ldots, \mathfrak{a}_n$, was wegen ihrer vorausgesetzten linearen Unabhängigkeit unmöglich ist.

Uns interessiert die geometrische Bedeutung der linearen Abhängigkeit bei räumlichen Vektoren.

Ein einziger Vektor ist genau dann linear abhängig, wenn er der Nullvektor ist. Wie ein Längenvergleich zeigt, ist $\lambda\mathfrak{a} = \mathfrak{o}$ mit $\lambda \neq 0$ genau für $\mathfrak{a} = \mathfrak{o}$ wahr.

Zwei Vektoren sind genau dann linear abhängig, wenn sie in einer Geraden liegen. Genau dann gibt es nämlich eine Beziehung der Gestalt $\lambda\mathfrak{a} + \mu\mathfrak{b} = \mathfrak{o}$ mit $\lambda \neq 0$ oder $\mu \neq 0$, wenn die Richtungen der Vektoren $\mathfrak{a}$ und $\mathfrak{b}$ übereinstimmen, sie also in einer Geraden liegen.

Drei Vektoren sind genau dann linear abhängig, wenn sie in einer Ebene liegen. Gibt es eine Beziehung der Gestalt $\lambda\mathfrak{a} + \mu\mathfrak{b} + \nu\mathfrak{c} = \mathfrak{o}$ zwischen den Vektoren $\mathfrak{a}, \mathfrak{b}, \mathfrak{c}$ und ist in ihr etwa $\nu \neq 0$, so folgt $\mathfrak{c} = -\frac{\lambda}{\nu}\mathfrak{a} - \frac{\mu}{\nu}\mathfrak{b}$. Also liegen $\mathfrak{c}$ und das aus $\mathfrak{a}, \mathfrak{b}$ gebildete Vektorparallelogramm in einer Ebene. Liegen umgekehrt die Vektoren $\mathfrak{a}, \mathfrak{b}, \mathfrak{c}$ in einer Ebene und nicht schon zwei davon in einer Geraden, so läßt sich in der Ebene ein Dreieck angeben, dessen Seiten die Richtungen von $\mathfrak{a}$ bzw. $\mathfrak{b}$ bzw. $\mathfrak{c}$ aufweisen. Dies liefert eine Gleichung $\lambda\mathfrak{a} + \mu\mathfrak{b} + \nu\mathfrak{c} = \mathfrak{o}$ mit nicht verschwindenden Zahlen λ, μ, ν.

Schließlich sind mehr als drei Vektoren im Raum stets linear abhängig. Es genügt, die Richtigkeit dieser Aussage für vier Vektoren $\mathfrak{a}, \mathfrak{b}, \mathfrak{c}, \mathfrak{d}$ einzusehen, von denen je drei linear unabhängig sind: Es gibt ein Parallelepided, dessen Kanten die Richtungen von $\mathfrak{a}$ bzw. $\mathfrak{b}$ bzw. $\mathfrak{c}$ besitzen, so daß eine Raumdiagonale die Richtung und die Länge von $\mathfrak{d}$ hat.

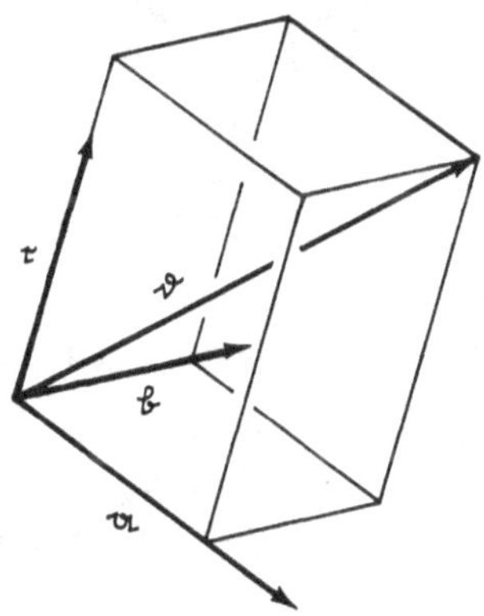

Also ist $\mathfrak{d}$ als Linearkombination von $\mathfrak{a}, \mathfrak{b}, \mathfrak{c}$ darstellbar, und dies bedeutet die lineare Abhängigkeit der vier Vektoren $\mathfrak{a}, \mathfrak{b}, \mathfrak{c}, \mathfrak{d}$.

Insgesamt haben wir gesehen, daß die Maximalzahl der linear unabhängigen Vektoren einer Ebene gleich 2, des Raumes gleich 3 ist. Jeder Vektor $\mathfrak{x}$ des Raumes läßt sich als Linearkombination einer *Basis* von drei linear unabhängigen Vektoren $\mathfrak{a}_1, \mathfrak{a}_2, \mathfrak{a}_3$ darstellen: $\mathfrak{x} = x_1\mathfrak{a}_1 + x_2\mathfrak{a}_2 + x_3\mathfrak{a}_3$. Hinsichtlich der Basis $\{\mathfrak{a}_1, \mathfrak{a}_2, \mathfrak{a}_3\}$ sind die *Koordinaten* $x_1, x_2, x_3 \in \mathbf{R}$ eindeutig bestimmt. Gilt nämlich auch $\mathfrak{x} = x'_1\mathfrak{a}_1 + x'_2\mathfrak{a}_2 + x'_3\mathfrak{a}_3$, so folgt $(x_1 - x'_1)\mathfrak{a}_1 + (x_2 - x'_2)\mathfrak{a}_2 + (x_3 - x'_3)\mathfrak{a}_3 = \mathfrak{o}$, also $x_1 = x'_1$, $x_2 = x'_2$, $x_3 = x'_3$ wegen der linearen Unabhängigkeit der Basisvektoren.

Der Gewohnheit entsprechend wählen wir für das Weitere Basisvektoren $\mathfrak{n}_1, \mathfrak{n}_2, \mathfrak{n}_3$ des Raumes, die die Länge 1 besitzen, paarweise aufeinander senkrecht stehen und in dieser Reihenfolge ein *Rechtssystem* im Sinne der nachstehenden räumlich vorzustellenden Figur bilden.

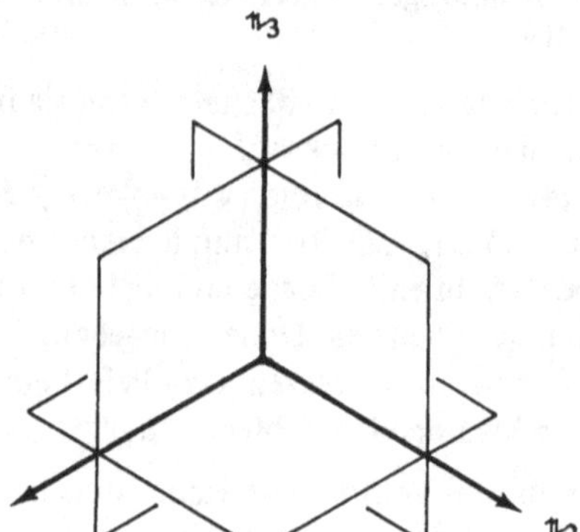

Hinsichtlich der Basis $\{\mathfrak{n}_1, \mathfrak{n}_2, \mathfrak{n}_3\}$ besitzt also jeder Vektor $\mathfrak{x}$ des Raumes die Darstellung $\mathfrak{x} = x_1\mathfrak{n}_1 + x_2\mathfrak{n}_2 + x_3\mathfrak{n}_3$ mit gewissen eindeutig bestimmten Koordinaten $x_1, x_2, x_3 \in \mathbf{R}$, wofür wir auch kurz

$$\mathfrak{x} = \begin{pmatrix} x_1 \\ x_2 \\ x_3 \end{pmatrix}$$

schreiben. Für den Umgang mit solchen Spaltendarstellungen von Vektoren bezüglich der festen Basis $\{\mathfrak{n}_1, \mathfrak{n}_2, \mathfrak{n}_3\}$ gelten ersichtlich die Rechenregeln $(\lambda \in \mathbf{R})$

$$\begin{pmatrix} x_1 \\ x_2 \\ x_3 \end{pmatrix} + \begin{pmatrix} y_1 \\ y_2 \\ y_3 \end{pmatrix} = \begin{pmatrix} x_1 + y_1 \\ x_2 + y_2 \\ x_3 + y_3 \end{pmatrix}, \quad \lambda \begin{pmatrix} x_1 \\ x_2 \\ x_3 \end{pmatrix} = \begin{pmatrix} \lambda x_1 \\ \lambda x_2 \\ \lambda x_3 \end{pmatrix}.$$

(8.3) Fixieren wir neben der Basis $\{\mathfrak{n}_1, \mathfrak{n}_2, \mathfrak{n}_3\}$ im Raum noch einen Punkt O, den *Ursprung*, so erhalten wir ein rechtwinkliges cartesisches Koordinatensystem: Jeder Punkt P des Raumes läßt sich umkehrbar eindeutig charakterisieren durch einen Vektor

$$\mathfrak{p} = \begin{pmatrix} p_1 \\ p_2 \\ p_3 \end{pmatrix},$$

der die Länge und die Richtung der Strecke OP besitzt und von O nach P orientiert ist. Von dieser Zuordnung machen wir in den folgenden Beispielen Gebrauch.

1) Jede Gerade im Raum läßt sich durch zwei Vektoren $\mathfrak{a}$ und $\mathfrak{b} \neq \mathfrak{o}$ beschreiben, von denen $\mathfrak{a}$ von O zu einem festen auf ihr gelegenen Punkt A führt und $\mathfrak{b}$ die Richtung der Geraden besitzt. Genau die Vektoren $\mathfrak{x}$ von O zu beliebigen Punkten X der Geraden erfüllen die Vektorgleichung

$$\mathfrak{x} = \mathfrak{a} + \lambda\mathfrak{b} \quad (\mathfrak{b} \neq \mathfrak{o}).$$

Darin entspricht jedem Wert des Parameters $\lambda \in \mathbf{R}$ genau ein Punkt X der Geraden und umgekehrt. Koordinatenweise aufgeschrieben, zerfällt diese Vektorgleichung in drei gewöhnliche Gleichungen

$$\begin{pmatrix} x_1 \\ x_2 \\ x_3 \end{pmatrix} = \begin{pmatrix} a_1 \\ a_2 \\ a_3 \end{pmatrix} + \lambda \begin{pmatrix} b_1 \\ b_2 \\ b_3 \end{pmatrix} \text{ oder } \begin{matrix} x_1 = a_1 + \lambda b_1 \\ x_2 = a_2 + \lambda b_2 \\ x_3 = a_3 + \lambda b_3 \end{matrix}.$$

Ist eine Gerade durch zwei voneinander verschiedene Punkte $P(\mathfrak{p})$, $Q(\mathfrak{q})$ gegeben, so können wir uns Vektoren $\mathfrak{a}$ und $\mathfrak{b} \neq \mathfrak{o}$ aus $\mathfrak{a} = \mathfrak{p}$, $\mathfrak{b} = \mathfrak{q} - \mathfrak{p}$ und daraus weiter die obige Vektorgleichung verschaffen.

2) Jede Ebene im Raum läßt sich durch drei Vektoren $\mathfrak{a}, \mathfrak{b}, \mathfrak{c}$ beschreiben, von denen zwei, etwa $\mathfrak{b}$ und $\mathfrak{c}$, linear unabhängig sind. Wie unter 1) führt $\mathfrak{a}$ von O zu einem festen Punkt A auf der Ebene, und $\mathfrak{b}, \mathfrak{c}$ sind zwei in der Ebene, aber nicht schon in einer Geraden gelegene Vektoren. Da sich von A aus dann jeder Punkt X der Ebene durch eine geeignete Linearkombination der Vektoren $\mathfrak{b}, \mathfrak{c}$ erreichen läßt, erfüllen die zugehörigen Vektoren $\mathfrak{x}$ von O zu den Punkten X die Vektorgleichung

$$\mathfrak{x} = \mathfrak{a} + \lambda\mathfrak{b} + \mu\mathfrak{c} \quad (\mathfrak{b}, \mathfrak{c} \text{ linear unabhängig}).$$

Umgekehrt entspricht jedem Paar (λ, μ) der Parameter $\lambda, \mu \in \mathbf{R}$ genau ein Punkt der Ebene. Bei koordinatenweiser Beschreibung bekommen wir wieder drei gewöhnliche Gleichungen

$$\begin{pmatrix} x_1 \\ x_2 \\ x_3 \end{pmatrix} = \begin{pmatrix} a_1 \\ a_2 \\ a_3 \end{pmatrix} + \lambda \begin{pmatrix} b_1 \\ b_2 \\ b_3 \end{pmatrix} + \mu \begin{pmatrix} c_1 \\ c_2 \\ c_3 \end{pmatrix} \text{ oder } \begin{matrix} x_1 = a_1 + \lambda b_1 + \mu c_1 \\ x_2 = a_2 + \lambda b_2 + \mu c_2 \\ x_3 = a_3 + \lambda b_3 + \mu c_3 \end{matrix}.$$

Ist eine Ebene durch drei nicht in einer Geraden liegende Punkte $P(\mathfrak{p})$, $Q(\mathfrak{q})$, $R(\mathfrak{r})$ gegeben, so erhalten wir die zum Aufstellen der Ebenengleichung erforderlichen Vektoren etwa durch $\mathfrak{a} = \mathfrak{p}$, $\mathfrak{b} = \mathfrak{q} - \mathfrak{p}$, $\mathfrak{c} = \mathfrak{r} - \mathfrak{p}$.

3) Häufig kommt die Aufgabe vor, zwei Geraden oder eine Gerade mit einer Ebene oder zwei Ebenen im Raum zu schneiden, das heißt, den Durchschnitt der entsprechenden Punktmengen zu bestimmen. Diese Aufgabe führt stets auf die Lösung eines Gleichungssystems, das drei lineare Gleichungen mit zwei, drei bzw. vier unbekannten Parameterwerten enthält.

Gesucht sei etwa der Durchschnitt $E_1 \cap E_2$ der beiden Ebenen

$$E_1\colon \mathfrak{x}_1 = \begin{pmatrix} 3 \\ -1 \\ -2 \end{pmatrix} + \lambda \begin{pmatrix} 1 \\ 1 \\ 1 \end{pmatrix} + \mu \begin{pmatrix} -2 \\ 0 \\ 2 \end{pmatrix}, \quad E_2\colon \mathfrak{x}_2 = \begin{pmatrix} 2 \\ -2 \\ 1 \end{pmatrix} + \nu \begin{pmatrix} 1 \\ -1 \\ -1 \end{pmatrix} + \rho \begin{pmatrix} 0 \\ 4 \\ 2 \end{pmatrix}.$$

Wir erhalten ihn durch die Lösung der Vektorgleichung $\mathfrak{x}_1 = \mathfrak{x}_2$, also durch Ermittlung sämtlicher Parameterwerte $\lambda, \mu, \nu, \rho \in \mathbf{R}$, die das zugehörige Gleichungssystem

$$(*) \qquad \begin{aligned} \lambda - 2\mu - \nu \phantom{{}- 4\rho} &= -1 \\ \lambda \phantom{{}- 2\mu} + \nu - 4\rho &= -1 \\ \lambda + 2\mu + \nu - 2\rho &= 3 \end{aligned}$$

erfüllen. Wir lösen es, indem wir nach einem übersichtlichen Rechenschema verfahren; dazu schreiben wir die durchnumerierten Gleichungen noch einmal in anderer Form auf:

(**)

λ	μ	ν	ρ		
1	-2	-1	0	-1	(I)
1	0	1	-4	-1	(II)
1	2	1	-2	3	(III).

Es ist klar, daß die Lösungsgesamtheit von (*) sich nicht ändert, wenn in (**) eine der sogenannten elementaren Umformungen vorgenommen wird:

a) Vertauschung zweier Zeilen,
b) Vertauschung zweier Spalten,
c) Addition des Vielfachen einer Zeile zu einer anderen Zeile.

Wir benutzen diese Eigenschaften, insbesondere c), zur schrittweisen Elimination von Unbekannten; das entspricht der Erzeugung von Nullen unterhalb der in (**) gestrichelt eingezeichneten Linie:

λ	μ	ν	ρ		
1	-2	-1	0	-1	(I)
1	0	1	-4	-1	(II)
1	2	1	-2	3	(III)
1	-2	-1	0	-1	(I)
0	2	2	-4	0	(II) - (I)
0	4	2	-2	4	(III) - (I)
1	-2	-1	0	-1	(I)
0	2	2	-4	0	(II) - (I)
0	0	-2	6	4	(III) - (I) - 2((II) - (I)).

Aus den letzten drei Gleichungen lesen wir, schrittweise von unten nach oben verfahrend, ab:

$$\nu = -2 + 3\rho\,,$$
$$\mu = 2\rho - \nu = 2\rho - (-2 + 3\rho) = 2 - \rho\,,$$
$$\lambda = -1 + \nu + 2\mu = -1 + (-2 + 3\rho) + 2(2 - \rho) = 1 + \rho\,.$$

Für jeden Wert des Parameters $\rho \in \mathbf{R}$ ist dies eine Lösung von (*), und weitere Lösungen gibt es nicht. Dieses Resultat bedeutet, daß für jedes $\rho \in \mathbf{R}$ die Vektorgleichung

$$\mathfrak{x}_1 = \mathfrak{x}_2 = \begin{pmatrix} 3 \\ -1 \\ -2 \end{pmatrix} + (1+\rho)\begin{pmatrix} 1 \\ 1 \\ 1 \end{pmatrix} + (2-\rho)\begin{pmatrix} -2 \\ 0 \\ 2 \end{pmatrix}$$
$$= \begin{pmatrix} 2 \\ -2 \\ 1 \end{pmatrix} + (-2+3\rho)\begin{pmatrix} 1 \\ -1 \\ -1 \end{pmatrix} + \rho\begin{pmatrix} 0 \\ 4 \\ 2 \end{pmatrix}$$
$$= \begin{pmatrix} 0 \\ 0 \\ 3 \end{pmatrix} + \rho\begin{pmatrix} 3 \\ 1 \\ -1 \end{pmatrix}$$

besteht. Der Durchschnitt $E_1 \cap E_2$ ist also die durch die Gerade

$$g\colon\ \mathfrak{x} = \begin{pmatrix} 0 \\ 0 \\ 3 \end{pmatrix} + \rho\begin{pmatrix} 3 \\ 1 \\ -1 \end{pmatrix},$$

die Schnittgerade von E_1 und E_2, gegebene Punktmenge.

Wir fragen nun noch nach dem Durchschnitt $g \cap E^*$ dieser Geraden g und der Ebene

$$E^*\colon\ \mathfrak{x}^* = \begin{pmatrix} 1 \\ 2 \\ 0 \end{pmatrix} + \sigma\begin{pmatrix} 2 \\ 1 \\ 1 \end{pmatrix} + \tau\begin{pmatrix} 1 \\ 0 \\ -2 \end{pmatrix}.$$

Aus $\mathfrak{x} = \mathfrak{x}^*$ erhalten wir das Gleichungssystem

ρ	σ	τ		
3	-2	-1	1	(I)
1	-1	0	2	(II)
-1	-1	2	-3	(III)
1	-1	0	2	(II)
0	1	-1	-5	(I) - 3(II)
0	-2	2	-1	(III) + (II)
1	-1	0	2	(II)
0	1	-1	-5	(I) - 3(II)
0	0	0	-11	(III) + (II) + 2((I) - 3(II)).

Offenbar enthält die letzte Gleichung einen Widerspruch: es ist -11 von Null verschieden. Das Gleichungssystem ist daher nicht lösbar, und dies bedeutet die Parallelität der Geraden g und der Ebene E* mit $g \cap E^* = \emptyset$.

4) Ebenfalls oft wird nach dem Punkt P gefragt, der die Verbindungsstrecke zweier verschiedener Punkte A und B in einem gegebenen Verhältnis, etwa $AP : PB = \lambda : \mu$ $(\lambda, \mu \in \mathbb{R},\ \lambda + \mu \neq 0)$, teilt. Die zugehörige Vektorgleichung lautet dann $\mu(\mathfrak{p} - \mathfrak{a}) = \lambda(\mathfrak{b} - \mathfrak{p})$, also

$$\mathfrak{p} = \frac{\mu\mathfrak{a} + \lambda\mathfrak{b}}{\mu + \lambda}.$$

Insbesondere ergibt sich für $\lambda = \mu \neq 0$ der Vektor $\mathfrak{m}$ von O zum Mittelpunkt M der Strecke AB zu

$$\mathfrak{m} = \frac{1}{2}(\mathfrak{a} + \mathfrak{b}).$$

Wir verwenden dieses Resultat für den vektoriellen Beweis des Satzes, daß sich die Seitenhalbierenden eines Dreiecks in einem Punkt (dem Schwerpunkt des Dreiecks) schneiden.

Die nicht auf einer Geraden liegenden Punkte $A(\mathfrak{a})$, $B(\mathfrak{b})$, $C(\mathfrak{c})$ seien die Eckpunkte des Dreiecks ABC. Die Punkte der Seitenhalbierenden erfüllen jeweils eine der drei Vektorgleichungen

$$\mathfrak{x}_A = \mathfrak{a} + \lambda\left(\frac{\mathfrak{b} + \mathfrak{c}}{2} - \mathfrak{a}\right),$$

$$\mathfrak{x}_B = \mathfrak{b} + \mu\left(\frac{\mathfrak{a} + \mathfrak{c}}{2} - \mathfrak{b}\right),$$

$$\mathfrak{x}_C = \mathfrak{c} + \nu\left(\frac{\mathfrak{a} + \mathfrak{b}}{2} - \mathfrak{c}\right).$$

Zu $\lambda = \mu = \nu = 0$ gehören dabei die Punkte A, B, C zu $\lambda = \mu = \nu = 1$ die Mittelpunkte A', B', C' der Seiten BC, AC, AB des Dreiecks ABC.

Genau im Schnittpunkt S der Seitenhalbierenden AA' und BB' gilt $\mathfrak{p}_A = \mathfrak{p}_B$ oder

$$\left(\frac{\lambda}{2} - 1 + \mu\right)(\mathfrak{b} - \mathfrak{a}) + \left(\frac{\lambda}{2} - \frac{\mu}{2}\right)(\mathfrak{c} - \mathfrak{a}) = \mathfrak{o},$$

und diese Beziehung besteht wegen der linearen Unabhängigkeit der Vektoren $\mathfrak{b} - \mathfrak{a}$ und $\mathfrak{c} - \mathfrak{a}$, die von A nach B bzw. von A nach C führen, dann und nur dann, wenn beide Koeffizienten verschwinden. Das heißt, in S gilt $\lambda = \mu = \frac{2}{3}$. Weiter ergeben sich die zum Schnittpunkt der Seitenhalbierenden AA' und CC' gehörenden Parameterwerte von λ und ν aus $\mathfrak{p}_A = \mathfrak{p}_C$ einfach durch Vertauschung von $\mathfrak{b}$ und $\mathfrak{c}$ ohne erneute Rechnung: $\lambda = \nu = \frac{2}{3}$.

Die Seitenhalbierenden des Dreiecks schneiden sich daher, wie behauptet, in einem Punkt, und durch Einsetzen von $\lambda = \mu = \nu = \frac{2}{3}$ ergibt sich noch der von O nach S führende Vektor

$$\mathfrak{s} = \frac{1}{3}(\mathfrak{a} + \mathfrak{b} + \mathfrak{c}).$$

Ferner bemerken wir, daß die Strecken AA', BB', CC' durch den Schwerpunkt S des Dreiecks ABC jeweils im Verhältnis $\frac{2}{3} : \frac{1}{3} = 2 : 1$ geteilt werden.

(8.4) Auf der Menge V der räumlichen Vektoren wollen wir eine weitere Operation einführen, die es ermöglichen wird, Längen und Winkel zu bestimmen.

Es seien $\mathfrak{x}, \mathfrak{y}$ zwei vom Nullvektor verschiedene Vektoren. Um den von $\mathfrak{x}, \mathfrak{y}$ in dieser Reihenfolge eingeschlossenen Winkel $\alpha = \sphericalangle(\mathfrak{x}, \mathfrak{y})$ messen zu können, treffen wir die folgenden Vereinbarungen.

Wir betrachten eine die Vektoren $\mathfrak{x}, \mathfrak{y}$ enthaltende Ebene durch den Ursprung O. Wir sagen, sie sei *orientiert*, wenn eine ihrer beiden Seiten ausgezeichnet ist. Diese Auszeichnung denken wir uns so vorgenommen, daß der Umlaufsinn des in der Ebene gelegenen Kreises um O mit dem Radius Eins (*Einheitskreis*) festgelegt ist. Genau eine Seite der Ebene, die auszuzeichnende, hat dann die Eigenschaft, daß auf ihr der Kreis in *mathematisch positivem Sinn*, d. h. *entgegen* dem Uhrzeigersinn, durchlaufen wird.

Die Vektoren $\mathfrak{x}, \mathfrak{y}$ seien mit ihrem Pfeilanfang in den Mittelpunkt des Einheitskreises gelegt und über ihre Pfeilspitzen hinaus zu Halbgeraden $h(\mathfrak{x}), h(\mathfrak{y})$ verlängert. Sie schneiden die Peripherie des Einheitskreises in den Punkten $P(\mathfrak{x})$, $P(\mathfrak{y})$. Der Winkel α zwischen $\mathfrak{x}, \mathfrak{y}$ in dieser Reihenfolge läßt sich dann durch die mit einem Vorzeichen versehene Weglänge des Kreisbogens charakterisieren, der von $P(\mathfrak{x})$ nach $P(\mathfrak{y})$ führt, und zwar wird die Länge des Kreisbogens mit einem positiven Vorzeichen versehen, wenn seine Durchlaufung dem in der Ebene festgelegten Umlaufsinn entspricht, andernfalls mit einem negativen Vorzeichen.

Es ist klar, daß das auf diese Weise gewonnene *Bogenmaß* für α nur bis auf ganzzahlige Vielfache des Kreisumfangs 2π, man sagt auch modulo 2π, festgelegt ist. Abgesehen von dieser Mehrdeutigkeit, für deren Beseitigung keine Notwendigkeit besteht, ist es aber wirklich definiert, denn sind die Vektoren $\mathfrak{x}, \mathfrak{y}$ linear unabhängig, so gibt es nur eine sie enthaltende Ebene durch O. Sind sie dagegen linear abhängig, so spielt für die Winkelmessung die Orientierung der Ebenen, in denen $\mathfrak{x}, \mathfrak{y}$ und O liegen, offenbar keine Rolle.

Wir wenden uns nun der Erklärung der *Winkelfunktionen* $\sin\alpha$ (Sinus) und $\cos\alpha$ (Kosinus) zu: In einem cartesischen Koordinatensystem der orientierten Ebene, das aus dem Ursprung O und den Einheitsvektoren $\mathfrak{n}_1, \mathfrak{n}_2$ mit $\sphericalangle(\mathfrak{n}_1, \mathfrak{n}_2) = \frac{\pi}{2}$ besteht, betrachten wir einen Punkt P auf der Peripherie des Einheitskreises; seine Koordinaten seien x_1, x_2, und es sei α der Winkel zwischen $\mathfrak{n}_1$ und dem von O nach P zeigenden Vektor $\mathfrak{p}$. Dann setzen wir $x_1 = \cos\alpha$, $x_2 = \sin\alpha$.

Die hierdurch definierten Winkelfunktionen besitzen die bekannten Eigenschaften: Sie sind periodisch mit der Periode 2π,

$$\sin(\alpha + 2\pi) = \sin\alpha, \quad \cos(\alpha + 2\pi) = \cos\alpha,$$

und genügen den Gleichungen

$$\sin 0 = \sin\pi = \cos\frac{\pi}{2} = 0, \qquad \sin\frac{\pi}{2} = \cos 0 = -\cos\pi = 1,$$
$$\sin\alpha = \sin(\pi - \alpha) = -\sin(-\alpha), \quad \cos\alpha = -\cos(\pi - \alpha) = \cos(-\alpha);$$

sie erfüllen die Additionstheoreme

$$\sin(\alpha + \beta) = \sin\alpha\cos\beta + \cos\alpha\sin\beta,$$
$$\cos(\alpha + \beta) = \cos\alpha\cos\beta - \sin\alpha\sin\beta.$$

Die Gleichung $\sin^2\alpha + \cos^2\alpha = 1$ und die speziellen Werte $\sin\frac{\pi}{6} = \cos\frac{\pi}{3} = \frac{1}{2}$, $\sin\frac{\pi}{4} = \cos\frac{\pi}{4} = \frac{1}{2}\sqrt{2}$, $\sin\frac{\pi}{3} = \cos\frac{\pi}{6} = \frac{1}{2}\sqrt{3}$ werden oft benutzt.

Verstehen wir unter $|\mathfrak{x}|$ noch die Länge des Vektors $\mathfrak{x} \in V$, so können wir schließlich ein sogenanntes skalares (oder auch inneres) Produkt $\mathfrak{x}\mathfrak{y} \in \mathbf{R}$ für je zwei Vektoren $\mathfrak{x}, \mathfrak{y} \in V$ definieren durch

$$(*) \qquad \mathfrak{x}\mathfrak{y} = \begin{cases} |\mathfrak{x}||\mathfrak{y}|\cos\alpha & \text{für } \mathfrak{x} \neq \mathfrak{o} \text{ und } \mathfrak{y} \neq \mathfrak{o} \\ 0 & \text{für } \mathfrak{x} = \mathfrak{o} \text{ oder } \mathfrak{y} = \mathfrak{o}, \end{cases}$$

wobei α den von $\mathfrak{x}$ und $\mathfrak{y}$ eingeschlossenen Winkel bedeutet. Mit dieser Operation bildet V einen Euklidischen Vektorraum im Sinne der nachstehenden allgemeinen

Definition: Es sei V ein beliebiger Vektorraum über **R**. Ein für je zwei Vektoren $\mathfrak{x}, \mathfrak{y} \in V$ erklärtes Produkt $\mathfrak{x}\mathfrak{y} \in \mathbf{R}$ (also eine Abbildung von $V \times V$ in **R**) heißt ein *skalares Produkt*, wenn es die folgenden Eigenschaften besitzt:

(1) $(a\mathfrak{x})\mathfrak{y} = a(\mathfrak{x}\mathfrak{y})$ für alle $\mathfrak{x}, \mathfrak{y} \in V$, $a \in \mathbf{R}$,

(2) $(\mathfrak{x} + \mathfrak{y})\mathfrak{z} = (\mathfrak{x}\mathfrak{z}) + (\mathfrak{y}\mathfrak{z}) =_{\mathrm{Df}} \mathfrak{x}\mathfrak{z} + \mathfrak{y}\mathfrak{z}$ für alle $\mathfrak{x}, \mathfrak{y}, \mathfrak{z} \in V$,

(3) $\mathfrak{x}\mathfrak{y} = \mathfrak{y}\mathfrak{x}$ für alle $\mathfrak{x}, \mathfrak{y} \in V$,

(4) $\mathfrak{x}\mathfrak{x} =_{\mathrm{Df}} \mathfrak{x}^2 > 0$ für alle $\mathfrak{x} \in V, \mathfrak{x} \neq \mathfrak{o}$.

Ein Vektorraum V über **R**, in dem ein skalares Produkt erklärt ist, heißt ein *Euklidischer Vektorraum*.

Wir haben noch zu zeigen, daß das in unserem speziellen Vektorraum V der räumlichen Vektoren definierte Produkt (∗) die Eigenschaften (1) bis (4) besitzt. Dazu können wir gleich annehmen, daß $a \in \mathbf{R}$ nicht Null und $\mathfrak{x}, \mathfrak{y}, \mathfrak{z}$ vom Nullvektor verschieden sind. Für positives a stimmt der Winkel α zwischen $\mathfrak{x}$ und $\mathfrak{y}$ mit dem Winkel zwischen $a\mathfrak{x}$ und $\mathfrak{y}$ überein, und es folgt unmittelbar die Beziehung (1); sie ist auch für negatives $a \in \mathbf{R}$ richtig, denn dann wird

$$(a\mathfrak{x})\mathfrak{y} = |a||\mathfrak{x}||\mathfrak{y}| \cos(\alpha + \pi) = -|a||\mathfrak{x}||\mathfrak{y}| \cos\alpha = a|\mathfrak{x}||\mathfrak{y}| \cos\alpha = a(\mathfrak{x}\mathfrak{y}).$$

Wegen $\cos\alpha = \cos(-\alpha)$ ist der Wert des Produktes (∗) unabhängig von der zur Winkelmessung erforderlichen Orientierung; daher gilt (3). Weiter folgt aus $\mathfrak{x} \neq \mathfrak{o}$ sofort $\mathfrak{x}\mathfrak{x} = |\mathfrak{x}|^2 > 0$, also (4). Zum Nachweis von (2) beachten wir die geometrische Interpretation von $|\mathfrak{x}||\mathfrak{y}| \cos\alpha$ als Produkt der Länge $|\mathfrak{x}|$ von $\mathfrak{x}$ mit der *senkrechten Projektion* $y_{\mathfrak{x}} =_{\mathrm{Df}} |\mathfrak{y}| \cos\alpha$ des Vektors $\mathfrak{y}$ in die Richtung von $\mathfrak{x}$. Da die Projektion des Summenvektors $\mathfrak{x} + \mathfrak{y}$ in der Tat gleich der Summe der Projektionen der Einzelvektoren $\mathfrak{x}, \mathfrak{y}$ in die Richtung von $\mathfrak{z}$ ist, gilt schließlich auch (2).

Die Bedeutung des skalaren Produktes (∗) besteht im wesentlichen darin, daß es den geometrischen Sachverhalt der *Orthogonalität* zweier Vektoren $\mathfrak{x}, \mathfrak{y}$ (d. h. $\mathfrak{x}$ und $\mathfrak{y}$ stehen aufeinander senkrecht, $\mathfrak{x} \perp \mathfrak{y}$) rechnerisch beschreibt:

$$\mathfrak{x}\mathfrak{y} = 0 \Leftrightarrow \mathfrak{x} \perp \mathfrak{y} \qquad (\mathfrak{x} \neq \mathfrak{o}, \mathfrak{y} \neq \mathfrak{o}).$$

Speziell folgt dann mit Hilfe der eben bestätigten Rechenregeln aus $\mathfrak{x} = x_1\mathfrak{n}_1 + x_2\mathfrak{n}_2 + x_3\mathfrak{n}_3$, $\mathfrak{y} = y_1\mathfrak{n}_1 + y_2\mathfrak{n}_2 + y_3\mathfrak{n}_3$ für das skalare Produkt die Koordinatendarstellung

$$\mathfrak{x}\mathfrak{y} = x_1y_1 + x_2y_2 + x_3y_3$$

und für die Länge von $\mathfrak{x}$

$$|\mathfrak{x}| = \sqrt{\mathfrak{x}^2} = \sqrt{x_1^2 + x_2^2 + x_3^2}.$$

Der *Abstand* zweier Punkte $X(x_1, x_2, x_3)$ und $Y(y_1, y_2, y_3)$ wird also gleich

$$\sqrt{(x_1 - y_1)^2 + (x_2 - y_2)^2 + (x_3 - y_3)^2}.$$

(8.5) Wir geben Beispiele zur Anwendung des skalaren Produkts.

1) Es seien eine Ebene und ein auf ihr senkrecht stehender Vektor $\mathfrak{a}\,(\neq \mathfrak{o})$ gegeben. Dann ist für jeden Vektor $\mathfrak{x}$ von O zu einem Punkt X der Ebene das skalare Produkt $\mathfrak{a}\mathfrak{x}$ konstant. Dies ergibt sich rechnerisch unmittelbar aus ihrer Parameterdarstellung durch skalare Multiplikation mit $\mathfrak{a}$. Die Punkte der Ebene erfüllen daher eine Gleichung der Form

$$\mathfrak{a}\mathfrak{x} + d = 0, \quad \mathfrak{a} \neq \mathfrak{o},$$

ausgeschrieben

$$a_1 x_1 + a_2 x_2 + a_3 x_3 + d = 0, \quad a_1^2 + a_2^2 + a_3^2 > 0,$$

mit einer gewissen Konstanten $d \in \mathbf{R}$. Umgekehrt stellt natürlich jede solche Gleichung mit nicht sämtlich verschwindenden Koeffizienten a_1, a_2, a_3 eine Ebene dar, und der Vektor mit diesen Komponenten a_1, a_2, a_3 steht auf ihr senkrecht.

2) Jede Gleichung $\mathfrak{a}\mathfrak{x} + d = 0, \mathfrak{a} \neq \mathfrak{o}$, einer Ebene läßt sich durch Division durch $|\mathfrak{a}|$ in die sogenannte *Hessesche Normalform* überführen:

$$\mathfrak{a}^*\mathfrak{x} + d^* = 0, \quad |\mathfrak{a}^*| = 1.$$

Hieraus entnehmen wir nicht nur einen zur Ebene orthogonalen Vektor, nämlich $\mathfrak{a}^*$, sondern erhalten zugleich ihren Abstand $|d^*|$ vom Ursprung. Es ist ja $|d^*|$ der Betrag der Projektion eines von O zum beliebigen Punkt X der Ebene führenden Vektors $\mathfrak{x}$ in die Richtung von $\mathfrak{a}^*$.

Suchen wir den *Abstand eines* gegebenen *Punktes* $P(\mathfrak{p})$ *von einer* etwa gleich in Hessescher Normalform

$$\mathfrak{a}\mathfrak{x} + d = 0, \quad |\mathfrak{a}| = 1,$$

aufgeschriebenen *Ebene*, so verfahren wir folgendermaßen: Die zur gegebenen Ebene parallele Ebene durch P hat die Gleichung $\mathfrak{a}\mathfrak{x}' - \mathfrak{a}\mathfrak{p} = 0$, und der gesuchte Abstand ergibt sich als Betrag der Projektion eines Differenzvektors $\mathfrak{x}' - \mathfrak{x}$ in die Richtung von $\mathfrak{a}$, wegen $|\mathfrak{a}| = 1$ also zu $|\mathfrak{a}(\mathfrak{x}' - \mathfrak{x})| = |\mathfrak{a}\mathfrak{x}' - \mathfrak{a}\mathfrak{x}|$ oder

$$|\mathfrak{a}\mathfrak{p} + d|.$$

Wir können daraus noch leicht eine Information über die Lage der Ebenen bezüglich des Ursprungs erhalten: Es seien sowohl d als auch $\mathfrak{a}\mathfrak{p}$ von Null verschieden, d. h., keine der Ebenen gehe durch O. Genau dann haben d und $\mathfrak{a}\mathfrak{p}$ das gleiche Vorzeichen, wenn der Ursprung O zwischen beiden Ebenen liegt.

3) Gegeben seien eine *Gerade* g etwa durch

$$\mathfrak{x} = \mathfrak{a} + \lambda\mathfrak{b}, \quad \mathfrak{b} \neq \mathfrak{o},$$

und ein *Punkt* $P(\mathfrak{p})$, dessen *Abstand* d von g zu ermitteln ist. Der von P zur Geraden g führende Lotvektor sei $\mathfrak{d}$; falls P auf g liegt, ist $\mathfrak{d}$ der Nullvektor. Dann besteht die Gleichung $\mathfrak{p} + \mathfrak{d} = \mathfrak{a} + \lambda\mathfrak{b}$ mit einem geeignet gewählten Parameterwert $\lambda \in \mathbf{R}$. Es folgt $0 = \mathfrak{d}\mathfrak{b} = (\mathfrak{a} - \mathfrak{p} + \lambda\mathfrak{b})\mathfrak{b}$, also $\lambda = -\frac{(\mathfrak{a}-\mathfrak{p})\mathfrak{b}}{\mathfrak{b}^2}$ und damit weiter

$$\mathfrak{d} = \mathfrak{a} - \mathfrak{p} - \frac{(\mathfrak{a}-\mathfrak{p})\mathfrak{b}}{\mathfrak{b}^2}\mathfrak{b}.$$

Der gesuchte Abstand d ist also $d = |\mathfrak{d}| = \sqrt{\mathfrak{d}^2}$.

4) Es seien A, B, C die Eckpunkte des Dreiecks ABC und $\mathfrak{a}$ der Vektor von B nach C, $\mathfrak{b}$ der Vektor von C nach A, $\mathfrak{c}$ der Vektor von A nach B. Ferner seien γ der Winkel zwischen $\mathfrak{b}$ und $-\mathfrak{a}$ und $a = |\mathfrak{a}|$, $b = |\mathfrak{b}|$, $c = |\mathfrak{c}|$ die Längen der Dreieckseiten. Dann gilt $\mathfrak{a} + \mathfrak{b} + \mathfrak{c} = \mathfrak{o}$ oder $\mathfrak{a} + \mathfrak{b} = -\mathfrak{c}$, und durch skalare Multiplikation der Vektoren beiderseits des Gleichheitszeichens mit sich selbst folgt $c^2 = a^2 + b^2 + 2\mathfrak{a}\mathfrak{b}$ oder $c^2 = a^2 + b^2 + 2ab\cos(\pi - \gamma)$. Unter Benutzung der Gleichung $\cos(\pi - \gamma) = -\cos\gamma$ ergibt sich der *Kosinussatz:*

$$c^2 = a^2 + b^2 - 2ab\cos\gamma.$$

Aus ihm erhalten wir im Spezialfall eines rechtwinkligen Dreiecks mit $\cos\gamma = 0$ den *Satz des Pythagoras*

$$c^2 = a^2 + b^2.$$

5) Es seien A, B, C die Eckpunkte des Dreiecks ABC und die Vektoren $\mathfrak{a}, \mathfrak{b}, \mathfrak{c}$ definiert wie unter 4).

Wir zeigen zunächst mit Hilfe des skalaren Produkts, daß sich die drei Höhen im Dreieck ABC in einem Punkt schneiden. Dazu sei H der Schnittpunkt der beiden Höhen von A bzw. B auf die jeweils gegenüberliegende Dreieckseite, und es bezeichne $\mathfrak{h}_A$ den Vektor von A nach H, $\mathfrak{h}_B$ den Vektor von B nach H und $\mathfrak{h}_C$ den Vektor von C nach H. Es folgt auf Grund der Konstruktion von H

$$\mathfrak{h}_A(\mathfrak{h}_B - \mathfrak{h}_C) = \mathfrak{h}_A\mathfrak{a} = 0,$$
$$\mathfrak{h}_B(\mathfrak{h}_C - \mathfrak{h}_A) = \mathfrak{h}_B\mathfrak{b} = 0$$

und durch Addition dieser beiden Gleichungen

$$\mathfrak{h}_C(\mathfrak{h}_B - \mathfrak{h}_A) = -\mathfrak{h}_C\mathfrak{c} = 0.$$

Für $\mathfrak{h}_C \neq \mathfrak{o}$ hat der Vektor $\mathfrak{h}_C$ daher die Richtung des Lotes von C auf die gegenüberliegende Dreieckseite; H ist also Schnittpunkt aller drei Höhen im Dreieck ABC. Im Fall $\mathfrak{h}_C = \mathfrak{o}$ fallen die Punkte H und C zusammen, d. h., das Dreieck ist rechtwinklig, und die drei Höhen schneiden sich trivialerweise in einem Punkt, nämlich im Eckpunkt H = C.

Es sei $\mathfrak{f}_C$ der Lotvektor von C auf die gegenüberliegende Dreieckseite, dessen Länge h_C wir wie in 3) ausrechnen: Für ein gewisses $\lambda \in \mathbf{R}$ ist die Beziehung $\mathfrak{f}_C = \mathfrak{b} + \lambda\mathfrak{c}$ richtig. Aus ihr folgt durch skalare Multiplikation mit $\mathfrak{c}$ wegen $\mathfrak{f}_C\mathfrak{c} = 0$ sofort $\lambda = -\frac{\mathfrak{b}\mathfrak{c}}{c^2}$, also

$$\mathfrak{f}_C = \mathfrak{b} - \frac{\mathfrak{b}\mathfrak{c}}{c^2}\mathfrak{c}$$

und weiter

$$h_C = |\mathfrak{f}_C| = \sqrt{\mathfrak{f}_C^2} = \sqrt{b^2 - (\frac{\mathfrak{b}\mathfrak{c}}{c})^2} = \sqrt{(b - \frac{\mathfrak{b}\mathfrak{c}}{c})(b + \frac{\mathfrak{b}\mathfrak{c}}{c})}\,.$$

Wegen $\mathfrak{a} + \mathfrak{b} + \mathfrak{c} = \mathfrak{o}$ oder $\mathfrak{b} + \mathfrak{c} = -\mathfrak{a}$ gilt $b^2 + c^2 + 2\mathfrak{b}\mathfrak{c} = a^2$, und damit läßt sich h_C allein durch die Seitenlängen a, b, c des Dreiecks ABC ausdrücken:

$$\begin{aligned} h_C &= \frac{1}{2c}\sqrt{(2bc - a^2 + b^2 + c^2)(2bc + a^2 - b^2 - c^2)} \\ &= \frac{1}{2c}\sqrt{((b + c)^2 - a^2)(a^2 - (b - c)^2)} \\ &= \frac{1}{2c}\sqrt{(a + b + c)(a + b - c)(b + c - a)(c + a - b)}\,. \end{aligned}$$

6) Gegeben seien zwei linear unabhängige Vektoren $\mathfrak{p}$ und $\mathfrak{q}$, beide vom Betrag Eins. Dann hat die Winkelhalbierende des von $\mathfrak{p}$ und $\mathfrak{q}$ eingeschlossenen Winkels die Richtung des Vektors $\mathfrak{p} + \mathfrak{q}$; entsprechend gibt $\mathfrak{p} - \mathfrak{q}$ die Richtung der Winkelhalbierenden des von $\mathfrak{p}$ und $-\mathfrak{q}$ eingeschlossenen Winkels an.

Damit berechnen wir noch die Länge w_γ der Winkelhalbierenden $\mathfrak{w}_\gamma$ des Winkels γ im Dreieck ABC, wobei wir die Bezeichnungen von 4) übernehmen. Für geeignet gewählte Parameterwerte $\lambda, \mu \in \mathbf{R}$ gilt

$$\mathfrak{w}_\gamma = \lambda(\frac{\mathfrak{b}}{b} - \frac{\mathfrak{a}}{a}) = \mathfrak{b} + \mu\mathfrak{c},$$

und hierin kann $\mathfrak{c}$ wegen $\mathfrak{a} + \mathfrak{b} + \mathfrak{c} = \mathfrak{o}$ durch $\mathfrak{a}$ und $\mathfrak{b}$ ausgedrückt werden:

$$\mathfrak{a}(-\frac{\lambda}{a} + \mu) + \mathfrak{b}(\frac{\lambda}{b} - 1 + \mu) = \mathfrak{o}.$$

Aus der linearen Unabhängigkeit der Vektoren $\mathfrak{a}$ und $\mathfrak{b}$ schließen wir $-\frac{\lambda}{a} + \mu = 0$, $\frac{\lambda}{b} - 1 + \mu = 0$, und es folgt $\lambda = \frac{ab}{a + b}$, $\mu = \frac{b}{a + b}$. Also wird

$$\begin{aligned} w_\gamma = |\mathfrak{w}_\gamma| &= \frac{ab}{a + b}\sqrt{(\frac{\mathfrak{b}}{b} - \frac{\mathfrak{a}}{a})^2} \\ &= \frac{ab}{a + b}\sqrt{2 - \frac{2\mathfrak{a}\mathfrak{b}}{ab}} = \frac{ab}{a + b}\sqrt{2 + \frac{a^2 + b^2 - c^2}{ab}} \\ &= \frac{1}{a + b}\sqrt{ab(a + b + c)(a + b - c)}\,. \end{aligned}$$

(8.6) Das skalare Produkt $\mathfrak{x}\mathfrak{y}$ zweier Vektoren $\mathfrak{x}, \mathfrak{y} \in V$ definiert eine Abbildung von $V \times V$ in $\mathbf{R}$. Wir ordnen nun jedem Paar $(\mathfrak{x}, \mathfrak{y})$ von räumlichen Vektoren $\mathfrak{x}, \mathfrak{y} \in V$ auch noch einen Vektor $\mathfrak{x} \times \mathfrak{y} \in V$ zu, erklären also eine Abbildung von $V \times V$ in V.

Zunächst verabreden wir für $a, b, c, d \in \mathbf{R}$ die Rechenvorschrift (*zweireihige Determinante*)

$$\begin{vmatrix} a & b \\ c & d \end{vmatrix} =_{\mathrm{Df}} ad - bc$$

und definieren damit das *vektorielle Produkt* $\mathfrak{x} \times \mathfrak{y}$ (oft auch *äußeres Produkt* oder *Kreuzprodukt* genannt) von $\mathfrak{x} = x_1\mathfrak{n}_1 + x_2\mathfrak{n}_2 + x_3\mathfrak{n}_3$ und $\mathfrak{y} = y_1\mathfrak{n}_1 + y_2\mathfrak{n}_2 + y_3\mathfrak{n}_3$ durch

$$\mathfrak{x} \times \mathfrak{y} = \begin{vmatrix} \mathfrak{n}_1 & \mathfrak{n}_2 & \mathfrak{n}_3 \\ x_1 & x_2 & x_3 \\ y_1 & y_2 & y_3 \end{vmatrix} =_{\mathrm{Df}} \begin{vmatrix} x_2 & x_3 \\ y_2 & y_3 \end{vmatrix} \mathfrak{n}_1 - \begin{vmatrix} x_1 & x_3 \\ y_1 & y_3 \end{vmatrix} \mathfrak{n}_2 + \begin{vmatrix} x_1 & x_2 \\ y_1 & y_2 \end{vmatrix} \mathfrak{n}_3 .$$

Hieraus erhalten wir die einfach nachzuprüfenden Regeln (die Multiplikation habe wie üblich den Vorrang vor der Addition):

(1) $(\mathfrak{x}_1 + \mathfrak{x}_2) \times \mathfrak{y} = \mathfrak{x}_1 \times \mathfrak{y} + \mathfrak{x}_2 \times \mathfrak{y}, \quad \mathfrak{x} \times (\mathfrak{y}_1 + \mathfrak{y}_2) = \mathfrak{x} \times \mathfrak{y}_1 + \mathfrak{x} \times \mathfrak{y}_2,$

(2) $(c\mathfrak{x}) \times \mathfrak{y} = \mathfrak{x} \times (c\mathfrak{y}) = c(\mathfrak{x} \times \mathfrak{y}) \quad (c \in \mathbf{R}),$

(3) $\mathfrak{x} \times \mathfrak{y} = -\mathfrak{y} \times \mathfrak{x}.$

Die Regeln (1) und (2) beinhalten die sogenannten *Linearitätseigenschaften* des vektoriellen Produkts, deren Nützlichkeit schon beim skalaren Produkt hervortrat. Im Gegensatz dazu ist aber, wie (3) zeigt, das vektorielle Produkt *nicht kommutativ*.

Ferner besteht die *Lagrange*sche Identität (*J. L. Lagrange*, 1736–1812)

$$(x_1y_1 + x_2y_2 + x_3y_3)^2 + \{(x_2y_3 - x_3y_2)^2 + (x_1y_3 - x_3y_1)^2 + (x_1y_2 - x_2y_1)^2\}$$
$$= (x_1^2 + x_2^2 + x_3^2)(y_1^2 + y_2^2 + y_3^2),$$

die ebenfalls leicht zu verifizieren ist. In der kürzeren vektoriellen Schreibweise liefert sie einen Zusammenhang zwischen dem vektoriellen und dem skalaren Produkt, nämlich

(4) $$(\mathfrak{x}\mathfrak{y})^2 + (\mathfrak{x} \times \mathfrak{y})^2 = \mathfrak{x}^2\mathfrak{y}^2.$$

Wir ziehen nun Folgerungen, die eine anschauliche Beschreibung des Vektors $\mathfrak{x} \times \mathfrak{y}$ gestatten. Dazu müssen wir Länge, Richtung und Orientierung von $\mathfrak{x} \times \mathfrak{y}$ angeben.

Bezeichnet α den von $\mathfrak{x}$ und $\mathfrak{y}$ eingeschlossenen Winkel, so wird $(\mathfrak{x} \times \mathfrak{y})^2 = |\mathfrak{x}|^2 |\mathfrak{y}|^2 (1 - \cos^2\alpha) = |\mathfrak{x}|^2 |\mathfrak{y}|^2 \sin^2\alpha$ wegen (4), also die Länge von $\mathfrak{x} \times \mathfrak{y}$

$$|\mathfrak{x} \times \mathfrak{y}| = |\mathfrak{x}||\mathfrak{y}||\sin\alpha| .$$

Sie gibt die *Fläche* des von den Vektoren $\mathfrak{x}, \mathfrak{y}$ gebildeten *Parallelogramms* an.

Wir sehen, daß $\mathfrak{x} \times \mathfrak{y} = \mathfrak{o}$ genau dann gilt, wenn die Vektoren $\mathfrak{x}, \mathfrak{y}$ linear abhängig sind, also $\mathfrak{x} = \mathfrak{o}$ oder $\mathfrak{y} = \mathfrak{o}$ ist oder $\mathfrak{x}, \mathfrak{y}$ parallel (in Zeichen: $\|$) verlaufen:

$$\mathfrak{x} \times \mathfrak{y} = \mathfrak{o} \Leftrightarrow \mathfrak{x} \| \mathfrak{y} \quad (\mathfrak{x} \neq \mathfrak{o},\ \mathfrak{y} \neq \mathfrak{o}).$$

Aus der Definition ergibt sich weiter $\mathfrak{x}(\mathfrak{x} \times \mathfrak{y}) = \mathfrak{y}(\mathfrak{x} \times \mathfrak{y}) = 0$. Sind also die Vektoren $\mathfrak{x}, \mathfrak{y}$ linear unabhängig, so steht $\mathfrak{x} \times \mathfrak{y}$ senkrecht auf der von ihnen aufgespannten Ebene $E(\mathfrak{x}, \mathfrak{y})$ durch den Ursprung:

$$\mathfrak{x} \times \mathfrak{y} \perp E(\mathfrak{x}, \mathfrak{y}) \quad (\mathfrak{x}, \mathfrak{y} \text{ linear unabhängig}).$$

Dadurch ist die Richtung von $\mathfrak{x} \times \mathfrak{y}$ bestimmt.

Es bleibt für linear unabhängige Vektoren $\mathfrak{x}, \mathfrak{y}$ noch die Orientierung von $\mathfrak{x} \times \mathfrak{y}$ zu ermitteln. Dies bedarf vorbereitender Bemerkungen.

Durch die Auszeichnung der Basis $\{\mathfrak{e}_1, \mathfrak{e}_2, \mathfrak{e}_3\}$ als Rechtssystem haben wir in (8.2) eine *Orientierung des Raumes* vorgenommen: Zu jedem Tripel paarweise orthogonaler Vektoren $\mathfrak{a}_1^*, \mathfrak{a}_2^*, \mathfrak{a}_3^*$ der Länge Eins (*Einheitsvektoren*) gibt es genau eine Drehung, die $\mathfrak{a}_1^*$ in $\mathfrak{e}_1$ und $\mathfrak{a}_2^*$ in $\mathfrak{e}_2$ überführt; dabei geht $\mathfrak{a}_3^*$ entweder in $\mathfrak{e}_3$ oder in $-\mathfrak{e}_3$ über. Im ersten Fall nennen wir dann auch $\mathfrak{a}_1^*, \mathfrak{a}_2^*, \mathfrak{a}_3^*$ *in dieser Reihenfolge* ein *Rechtssystem*, sonst *Linkssystem*.

Es erscheint sinnvoll, diese Begriffe auch für ein beliebiges Tripel $\mathfrak{a}_1, \mathfrak{a}_2, \mathfrak{a}_3$ von linear unabhängigen Vektoren zur Verfügung zu haben. Dazu verschaffen wir uns aus $\mathfrak{a}_1, \mathfrak{a}_2, \mathfrak{a}_3$ paarweise orthogonale Einheitsvektoren $\mathfrak{a}_1^*, \mathfrak{a}_2^*, \mathfrak{a}_3^*$. Zunächst nehmen wir die *Orthogonalisierung* vor und setzen

$$\mathfrak{a}_1' = \mathfrak{a}_1,\ \mathfrak{a}_2' = \mathfrak{a}_2 + \lambda\mathfrak{a}_1,\ \mathfrak{a}_3' = \mathfrak{a}_3 + \mu\mathfrak{a}_2 + \nu\mathfrak{a}_1.$$

Die Zahlen $\lambda, \mu, \nu \in \mathbf{R}$ sind durch die Forderung, daß $\mathfrak{a}_1', \mathfrak{a}_2', \mathfrak{a}_3'$ paarweise aufeinander senkrecht stehen, also durch $\mathfrak{a}_1'\mathfrak{a}_2' = \mathfrak{a}_1'\mathfrak{a}_3' = \mathfrak{a}_2'\mathfrak{a}_3' = 0$, eindeutig bestimmt. Das läßt sich rechnerisch leicht verifizieren; wir geben dafür auch noch eine anschauliche Begründung: Die mit ihrem Pfeilanfang im Ursprung O angehefteten Vektoren $\mathfrak{a}_1, \mathfrak{a}_2, \mathfrak{a}_3$ mit den Endpunkten A_1, A_2, A_3 liegen nicht in einer Ebene, bilden also ein (nicht entartetes) Parallelepiped. Der Vektor $\mathfrak{a}_2'$ ist dann der Lotvektor von O auf die zu $\mathfrak{a}_1$ parallele Gerade durch A_2, und der Vektor $\mathfrak{a}_3'$ stellt den Lotvektor von O auf die Ebene durch A_3 dar, die parallel zu der von $\mathfrak{a}_1, \mathfrak{a}_2$ erzeugten Ebene durch O verläuft.

An dieser Stelle bemerken wir noch: Es ist $\mathfrak{a}_1' \times \mathfrak{a}_2' = \mathfrak{a}_1 \times \mathfrak{a}_2 + \lambda\mathfrak{a}_1 \times \mathfrak{a}_1 = \mathfrak{a}_1 \times \mathfrak{a}_2$.

Durch die *Normierung*

$$\mathfrak{a}_1^* =_{\mathrm{Df}} \frac{\mathfrak{a}_1'}{|\mathfrak{a}_1'|},\quad \mathfrak{a}_2^* =_{\mathrm{Df}} \frac{\mathfrak{a}_2'}{|\mathfrak{a}_2'|},\quad \mathfrak{a}_3^* =_{\mathrm{Df}} \frac{\mathfrak{a}_3'}{|\mathfrak{a}_3'|}$$

erhalten wir nun paarweise orthogonale Einheitsvektoren, die durch $\mathfrak{a}_1, \mathfrak{a}_2, \mathfrak{a}_3$ eindeutig festgelegt sind.

Ist speziell $\mathfrak{a}_1 = \mathfrak{x}$, $\mathfrak{a}_2 = \mathfrak{y}$ und $\mathfrak{a}_3 = \mathfrak{x} \times \mathfrak{y}$, so wird $(\mathfrak{x} \times \mathfrak{y})^* = \mathfrak{x}^* \times \mathfrak{y}^*$.

Wir bezeichnen $\mathfrak{a}_1, \mathfrak{a}_2, \mathfrak{a}_3$ *in dieser Reihenfolge* als *Rechtssystem*, wenn das zugehörige Tripel $\{\mathfrak{a}_1^*, \mathfrak{a}_2^*, \mathfrak{a}_3^*\}$ ein Rechtssystem ist, andernfalls als *Linkssystem*. Damit steht von jedem Tripel linear unabhängiger Vektoren fest, ob es bei vorgelegter Anordnung ein Rechtssystem oder ein Linkssystem bildet.

In diese Erklärung ging anfangs der zunächst als intuitiv bekannt vorausgesetzte Begriff der Drehung ein. Er bedarf einer Präzisierung:

Eine *Drehung* ist eine Transformation ϕ der Menge V der räumlichen Vektoren, die zunächst hinsichtlich der Addition in V und der Multiplikation von Vektoren mit reellen Zahlen relationstreu ist, d. h.

$$\phi(\mathfrak{x} + \mathfrak{y}) = \phi(\mathfrak{x}) + \phi(\mathfrak{y}) \text{ für alle } \mathfrak{x}, \mathfrak{y} \in V,$$
$$\phi(c\mathfrak{x}) = c\phi(\mathfrak{x}) \text{ für alle } \mathfrak{x} \in V, c \in \mathbf{R}.$$

Außerdem werden Längen und Winkel durch ϕ nicht verändert, d. h.

$$\phi(\mathfrak{x})\phi(\mathfrak{y}) = \mathfrak{x}\mathfrak{y} \text{ für alle } \mathfrak{x}, \mathfrak{y} \in V.$$

Unserer Anschauung entnehmen wir ferner: Jede Drehung ϕ läßt sich als Hintereinanderschaltung endlich vieler „kleiner" Drehungen ψ ausführen, wobei wir unter „klein"

$$|\psi(\mathfrak{x}) - \mathfrak{x}| < \frac{2}{3} \text{ für alle } \mathfrak{x} \in V, |\mathfrak{x}| = 1,$$

verstehen wollen. (In diesem Sinne ist also eine anschaulich verstandene Drehung etwa um den Winkel $\frac{\pi}{6}$ noch klein.)

Hieraus leiten wir ab, daß jede Drehung ϕ auch bezüglich der vektoriellen Multiplikation in V relationstreu ist:

$$(*) \qquad \phi(\mathfrak{x} \times \mathfrak{y}) = \phi(\mathfrak{x}) \times \phi(\mathfrak{y}) \text{ für alle } \mathfrak{x}, \mathfrak{y} \in V.$$

Wegen der Möglichkeit des Hintereinanderschaltens genügt es, diese Gleichung für „kleine" Drehungen ψ zu beweisen. Nun denke man sich die Vektoren $\mathfrak{x}, \mathfrak{y}$ wie oben durch $\mathfrak{x}', \mathfrak{y}'$ orthogonalisiert und durch $\mathfrak{x}^* = a\mathfrak{x}'$, $\mathfrak{y}^* = b\mathfrak{y}'$ normiert; ferner sei $\psi(\mathfrak{x}^* \times \mathfrak{y}^*) = \psi(\mathfrak{x}^*) \times \psi(\mathfrak{y}^*)$ bereits bewiesen. Dann folgt
$\psi(\mathfrak{x} \times \mathfrak{y}) = \psi(\mathfrak{x}' \times \mathfrak{y}') = \psi(a\mathfrak{x}^* \times b\mathfrak{y}^*) = ab\,\psi(\mathfrak{x}^* \times \mathfrak{y}^*) = ab\,\psi(\mathfrak{x}^*) \times \psi(\mathfrak{y}^*)$
$= \psi(a\mathfrak{x}^*) \times \psi(b\mathfrak{y}^*) = \psi(\mathfrak{x}') \times \psi(\mathfrak{y}') = \psi(\mathfrak{x}) \times \psi(\mathfrak{y} + \lambda\mathfrak{x}) = \psi(\mathfrak{x}) \times (\psi(\mathfrak{y}) + \lambda\psi(\mathfrak{x}))$
$= \psi(\mathfrak{x}) \times \psi(\mathfrak{y})$. Zu zeigen bleibt also $\psi(\mathfrak{x}^* \times \mathfrak{y}^*) = \psi(\mathfrak{x}^*) \times \psi(\mathfrak{y}^*)$.

Genau eine der beiden Möglichkeiten $\psi(\mathfrak{x}^* \times \mathfrak{y}^*) = \psi(\mathfrak{x}^*) \times \psi(\mathfrak{y}^*)$ oder $\psi(\mathfrak{x}^* \times \mathfrak{y}^*) = -\psi(\mathfrak{x}^*) \times \psi(\mathfrak{y}^*)$ trifft zu, denn $\psi(\mathfrak{x}^* \times \mathfrak{y}^*)$ ist ein zu $\psi(\mathfrak{x}^*)$ und $\psi(\mathfrak{y}^*)$ orthogonaler Vektor der Länge Eins. Wäre nun $\psi(\mathfrak{x}^* \times \mathfrak{y}^*) = -\psi(\mathfrak{x}^*) \times \psi(\mathfrak{y}^*)$, so würde $|\psi(\mathfrak{x}^* \times \mathfrak{y}^*) - \psi(\mathfrak{x}^*) \times \psi(\mathfrak{y}^*)| = 2|\psi(\mathfrak{x}^* \times \mathfrak{y}^*)| = 2$ folgen; es gilt dagegen

$$\begin{aligned}
&|\psi(\mathfrak{x}^* \times \mathfrak{y}^*) - \psi(\mathfrak{x}^*) \times \psi(\mathfrak{y}^*)| \\
&\quad = |\psi(\mathfrak{x}^* \times \mathfrak{y}^*) - \mathfrak{x}^* \times \mathfrak{y}^* - \mathfrak{x}^* \times (\psi(\mathfrak{y}^*) - \mathfrak{y}^*) - (\psi(\mathfrak{x}^*) - \mathfrak{x}^*) \times \psi(\mathfrak{y}^*)| \\
&\quad \leqslant |\psi(\mathfrak{x}^* \times \mathfrak{y}^*) - \mathfrak{x}^* \times \mathfrak{y}^*| + |\mathfrak{x}^*||\psi(\mathfrak{y}^*) - \mathfrak{y}^*| + |\psi(\mathfrak{y}^*)||\psi(\mathfrak{x}^*) - \mathfrak{x}^*| \\
&\quad < \frac{2}{3} + \frac{2}{3} + \frac{2}{3} = 2\,.
\end{aligned}$$

Also ist $\psi(\mathfrak{x}^* \times \mathfrak{y}^*) = -\,\psi(\mathfrak{x}^*) \times \psi(\mathfrak{y}^*)$ nicht wahr und (*) nachgewiesen.

Nun sind wir in der Lage, für linear unabhängige Vektoren $\mathfrak{x}, \mathfrak{y}$ die Orientierung von $\mathfrak{x} \times \mathfrak{y}$ zu bestimmen. Es gilt:

$\mathfrak{x}, \mathfrak{y}, \mathfrak{x} \times \mathfrak{y}$ *bilden in dieser Reihenfolge ein Rechtssystem.*

Ersichtlich brauchen wir nur zu zeigen, daß die Drehung ϕ mit $\phi(\mathfrak{x}^*) = \mathfrak{n}_1$, $\phi(\mathfrak{y}^*) = \mathfrak{n}_2$ den Vektor $(\mathfrak{x} \times \mathfrak{y})^* = \mathfrak{x}^* \times \mathfrak{y}^*$ in $\mathfrak{n}_3$ überführt. Mit (*) erhalten wir sofort

$$\phi(\mathfrak{x}^* \times \mathfrak{y}^*) = \phi(\mathfrak{x}^*) \times \phi(\mathfrak{y}^*) = \mathfrak{n}_1 \times \mathfrak{n}_2 = \begin{vmatrix} \mathfrak{n}_1 & \mathfrak{n}_2 & \mathfrak{n}_3 \\ 1 & 0 & 0 \\ 0 & 1 & 0 \end{vmatrix} = \mathfrak{n}_3,$$

also die Behauptung.

(8.7) Es folgen Beispiele zur Anwendung des vektoriellen Produkts.

1) Wir berechnen das *Volumen* eines von drei Vektoren $\mathfrak{a}, \mathfrak{b}, \mathfrak{c}$ aufgespannten *Parallelepipeds*.

Sind $\mathfrak{a}, \mathfrak{b}, \mathfrak{c}$ linear unabhängig, so steht $\mathfrak{b} \times \mathfrak{c}$ senkrecht auf jeder Ebene, die $\mathfrak{b}, \mathfrak{c}$ enthält. Der Abstand der beiden Begrenzungsebenen des Parallelepipeds, in denen $\mathfrak{b}, \mathfrak{c}$ liegen, ergibt sich als Betrag der Projektion von $\mathfrak{a}$ auf $\frac{\mathfrak{b} \times \mathfrak{c}}{|\mathfrak{b} \times \mathfrak{c}|}$ zu $\frac{|\mathfrak{a}(\mathfrak{b} \times \mathfrak{c})|}{|\mathfrak{b} \times \mathfrak{c}|}$. Da $|\mathfrak{b} \times \mathfrak{c}|$ die Fläche des von $\mathfrak{b}, \mathfrak{c}$ gebildeten Parallelogramms angibt, erhalten wir das gesuchte Volumen durch

$$|\mathfrak{a}(\mathfrak{b} \times \mathfrak{c})|.$$

Dies ist auch im Fall linear abhängiger Vektoren $\mathfrak{a}, \mathfrak{b}, \mathfrak{c}$ richtig, da dann zugleich $\mathfrak{a}(\mathfrak{b} \times \mathfrak{c})$ und das Volumen des Parallelepipeds Null sind.

2) Es ist klar, daß die Absolutbeträge sämtlicher aus den drei Vektoren $\mathfrak{a}, \mathfrak{b}, \mathfrak{c}$ gebildeten *Spatprodukte* $\mathfrak{a}(\mathfrak{b} \times \mathfrak{c}), (\mathfrak{a} \times \mathfrak{b})\mathfrak{c}, \ldots$ übereinstimmen. Sie alle geben ja abgesehen vom Vorzeichen das Volumen des von $\mathfrak{a}, \mathfrak{b}, \mathfrak{c}$ erzeugten Parallelepipeds an.

Sind $\mathfrak{a}, \mathfrak{b}, \mathfrak{c}$ als Koordinatenvektoren gegeben, so kann man $\mathfrak{b} \times \mathfrak{c}$ und anschließend $\mathfrak{a}(\mathfrak{b} \times \mathfrak{c})$ ausrechnen. Den Wert des Spatprodukts $\mathfrak{a}(\mathfrak{b} \times \mathfrak{c}) \in \mathbf{R}$ mit $\mathfrak{a} = a_1\mathfrak{n}_1 + a_2\mathfrak{n}_2 + a_3\mathfrak{n}_3$, $\mathfrak{b} = b_1\mathfrak{n}_1 + b_2\mathfrak{n}_2 + b_3\mathfrak{n}_3$, $\mathfrak{c} = c_1\mathfrak{n}_1 + c_2\mathfrak{n}_2 + c_3\mathfrak{n}_3$ erhalten wir dann aus dem folgenden Rechenschema (*dreireihige Determinante*)

$$\mathfrak{a}(\mathfrak{b} \times \mathfrak{c}) = \begin{vmatrix} a_1 & a_2 & a_3 \\ b_1 & b_2 & b_3 \\ c_1 & c_2 & c_3 \end{vmatrix} =_{\mathrm{Df}} \begin{vmatrix} b_2 & b_3 \\ c_2 & c_3 \end{vmatrix} a_1 - \begin{vmatrix} b_1 & b_3 \\ c_1 & c_3 \end{vmatrix} a_2 + \begin{vmatrix} b_1 & b_2 \\ c_1 & c_2 \end{vmatrix} a_3$$

$$= a_1b_2c_3 + a_2b_3c_1 + a_3b_1c_2 - a_1b_3c_2 - a_2b_1c_3 - a_3b_2c_1.$$

Hieraus lesen wir ab, daß die Vertauschung von $\mathfrak{a}$ und $\mathfrak{c}$ nur eine Vorzeichenänderung bewirkt. Es gilt also $\mathfrak{a}(\mathfrak{b}\times\mathfrak{c}) = -\mathfrak{c}(\mathfrak{b}\times\mathfrak{a})$, und wegen $\mathfrak{a}\times\mathfrak{b} = -\mathfrak{b}\times\mathfrak{a}$ ergibt sich die häufig benutzte Formel

$$\mathfrak{a}(\mathfrak{b}\times\mathfrak{c}) = (\mathfrak{a}\times\mathfrak{b})\mathfrak{c}.$$

3) Vektorprodukte der Gestalt $\mathfrak{a}\times(\mathfrak{b}\times\mathfrak{c})$ lassen ebenfalls eine Umformung zu. Es gilt der sogenannte *Entwicklungssatz*

$$\mathfrak{a}\times(\mathfrak{b}\times\mathfrak{c}) = (\mathfrak{a}\mathfrak{c})\mathfrak{b} - (\mathfrak{a}\mathfrak{b})\mathfrak{c}.$$

Man bestätigt dies, indem man beide Seiten für die Vektoren

$$\mathfrak{a} = \begin{pmatrix} a_1 \\ a_2 \\ a_3 \end{pmatrix}, \quad \mathfrak{b} = \begin{pmatrix} b_1 \\ b_2 \\ b_3 \end{pmatrix}, \quad \mathfrak{c} = \begin{pmatrix} c_1 \\ c_2 \\ c_3 \end{pmatrix}$$

ausrechnet. Links bekommt man

$$\begin{pmatrix} a_1 \\ a_2 \\ a_3 \end{pmatrix} \times \begin{pmatrix} b_2c_3 - b_3c_2 \\ b_3c_1 - b_1c_3 \\ b_1c_2 - b_2c_1 \end{pmatrix} = \begin{pmatrix} a_2(b_1c_2 - b_2c_1) - a_3(b_3c_1 - b_1c_3) \\ a_3(b_2c_3 - b_3c_2) - a_1(b_1c_2 - b_2c_1) \\ a_1(b_3c_1 - b_1c_3) - a_2(b_2c_3 - b_3c_2) \end{pmatrix}$$

und rechts

$$\begin{pmatrix} (a_1c_1 + a_2c_2 + a_3c_3)b_1 - (a_1b_1 + a_2b_2 + a_3b_3)c_1 \\ (a_1c_1 + a_2c_2 + a_3c_3)b_2 - (a_1b_1 + a_2b_2 + a_3b_3)c_2 \\ (a_1c_1 + a_2c_2 + a_3c_3)b_3 - (a_1b_1 + a_2b_2 + a_3b_3)c_3 \end{pmatrix},$$

und beides ist dasselbe.

4) Es bereitet nun keine Schwierigkeiten mehr, andere Produkte umzuformen; zum Beispiel ist nach 2)

$$(\mathfrak{a}\times\mathfrak{b})(\mathfrak{c}\times\mathfrak{d}) = \mathfrak{a}(\mathfrak{b}\times(\mathfrak{c}\times\mathfrak{d})) = \mathfrak{a}((\mathfrak{b}\mathfrak{d})\mathfrak{c} - (\mathfrak{b}\mathfrak{c})\mathfrak{d}) = (\mathfrak{a}\mathfrak{c})(\mathfrak{b}\mathfrak{d}) - (\mathfrak{a}\mathfrak{d})(\mathfrak{b}\mathfrak{c}).$$

Als Spezialfall ist darin die Identität von *Lagrange* aus (8.6) enthalten:

$$(\mathfrak{a}\times\mathfrak{b})^2 = \mathfrak{a}^2\mathfrak{b}^2 - (\mathfrak{a}\mathfrak{b})^2 \quad \text{oder} \quad (\mathfrak{a}\mathfrak{b})^2 = \mathfrak{a}^2\mathfrak{b}^2 - (\mathfrak{a}\times\mathfrak{b})^2.$$

Wir bemerken, daß daraus die *Schwarz*sche Ungleichung (vgl. § 5) im Fall $n = 3$ folgt,

$$\left(\sum_{i=1}^{3} a_i b_i\right)^2 \leqslant \sum_{i=1}^{3} a_i^2 \cdot \sum_{i=1}^{3} b_i^2,$$

und wir erhalten noch eine Information über den bei dieser Abschätzung gemachten Fehler. Er beträgt $(\mathfrak{a}\times\mathfrak{b})^2$, verschwindet also genau dann, wenn $\mathfrak{a}, \mathfrak{b}$ linear abhängig sind, also $a_i = xb_i$ für $i = 1, 2, 3$ oder $b_i = xa_i$ für $i = 1, 2, 3$ mit einem geeigneten $x \in \mathbf{R}$ gilt.

5) Mit Hilfe des vektoriellen Produkts können wir den *Abstand zweier Geraden*

$$g_1 : \mathfrak{x}_1 = \mathfrak{a}_1 + \lambda\mathfrak{b}_1 \quad (\mathfrak{b}_1 \neq \mathfrak{o}), \quad g_2 : \mathfrak{x}_2 = \mathfrak{a}_2 + \mu\mathfrak{b}_2 \quad (\mathfrak{b}_2 \neq \mathfrak{o})$$

bestimmen. Wir unterscheiden dabei zwei Fälle:

a) Die Geraden sind parallel; ohne Einschränkung der Allgemeinheit gelte $\mathfrak{b}_1 = \mathfrak{b}_2$. Dann bilden die Vektoren $\mathfrak{a}_2 - \mathfrak{a}_1, \mathfrak{b}_1$ in einer beide Geraden enthaltenden Ebene ein Parallelogramm. Bezeichnet d den Abstand der Geraden, so besteht die Flächengleichheit $d|\mathfrak{b}_1| = |(\mathfrak{a}_2 - \mathfrak{a}_1) \times \mathfrak{b}_1|$, also wird

$$d = \frac{|(\mathfrak{a}_2 - \mathfrak{a}_1) \times \mathfrak{b}_1|}{|\mathfrak{b}_1|}.$$

b) Die Geraden sind nicht parallel. Dann steht der Vektor $\mathfrak{b}_1 \times \mathfrak{b}_2$ senkrecht auf beiden Geraden und gibt daher die Richtung des gemeinsamen Lotes von g_1, g_2 an. Den Abstand d von g_1, g_2 erhalten wir als Betrag der Projektion des Vektors $\mathfrak{a}_2 - \mathfrak{a}_1$ in die Richtung von $\mathfrak{b}_1 \times \mathfrak{b}_2$; also gilt

$$d = \frac{|(\mathfrak{a}_2 - \mathfrak{a}_1)(\mathfrak{b}_1 \times \mathfrak{b}_2)|}{|\mathfrak{b}_1 \times \mathfrak{b}_2|}.$$

Ist d von Null verschieden, so heißen die nicht parallelen Geraden g_1, g_2 *windschief*.

(8.8) Durch die Einführung eines skalaren Produkts war es in (8.4) gelungen, den Abstand zweier Punkte des Raumes auszurechnen. Wir wollen nun auch den Entfernungsbegriff präzisieren und geben die nachstehende allgemeine

Definition: Es seien M eine nicht leere Menge und $d: M \times M \to \mathbf{R}$ eine Abbildung des cartesischen Produkts $M \times M$ in $\mathbf{R}$ mit folgenden Eigenschaften.

(1) $d(a, a) = 0, \ d(a, b) > 0$ für alle $a, b \in M, a \neq b$;

(2) $d(a, b) = d(b, a)$ für alle $a, b \in M$;

(3) $d(a, c) \leqslant d(a, b) + d(b, c)$ für alle $a, b, c \in M$.

Dann heißt M ein *metrischer Raum* und d eine *Metrik* auf M.

Diese Forderungen an eine Metrik (Distanzfunktion) sind plausibel: In (1) wird verlangt, daß sie *positiv definit* ist; (2) bedeutet die *Symmetrie*, und in (3) steht die *Dreiecksungleichung*.

Wir wenden uns nun einem speziellen metrischen Vektorraum zu.

Für eine feste natürliche Zahl n ist $\mathbf{R}^n$ die Menge aller n-tupel $(x_1, x_2, \ldots, x_n)$ mit $x_1, x_2, \ldots, x_n \in \mathbf{R}$. Durch die Erklärung einer Addition zweier n-tupel,

$$(x_1, x_2, \ldots, x_n) + (y_1, y_2, \ldots, y_n) =_{Df} (x_1 + y_1, x_2 + y_2, \ldots, x_n + y_n),$$

und einer Multiplikation eines n-tupels mit einer reellen Zahl c,

$$c(x_1, x_2, \ldots, x_n) =_{Df} (cx_1, cx_2, \ldots, cx_n),$$

wird $\mathbf{R}^n$ ein Vektorraum über $\mathbf{R}$. Die Gültigkeit der Vektorraumaxiome ist evident. Der Nullvektor $\mathfrak{o}$ ist das aus lauter Nullen bestehende n-tupel $(0, 0, \ldots, 0)$.

Als eine Basis des $\mathbf{R}^n$ finden wir die n Vektoren $\mathfrak{e}_1, \mathfrak{e}_2, \ldots, \mathfrak{e}_n$, wobei $\mathfrak{e}_\nu$ das n-tupel ist, das in der ν-ten Komponente eine Eins, in allen anderen eine Null enthält. Die Vektoren $\mathfrak{e}_1, \mathfrak{e}_2, \ldots, \mathfrak{e}_n$ sind linear unabhängig, denn aus $\lambda_1\mathfrak{e}_1 + \lambda_2\mathfrak{e}_2 + \ldots + \lambda_n\mathfrak{e}_n = \mathfrak{o}$ oder $(\lambda_1, \lambda_2, \ldots, \lambda_n) = (0, 0, \ldots, 0)$ folgt sofort $\lambda_1 = \lambda_2 = \ldots = \lambda_n = 0$. Jeder Vektor $\mathfrak{x} = (x_1, x_2, \ldots, x_n) \in \mathbf{R}^n$ läßt sich als Linearkombination $x_1\mathfrak{e}_1 + x_2\mathfrak{e}_2 + \ldots + x_n\mathfrak{e}_n$ schreiben.

Für $n = 2, 3$ erhalten wir die bekannten Vektorräume der ebenen bzw. räumlichen Vektoren in der Koordinatenschreibweise. Es ist naheliegend, aber natürlich nicht zwingend, ein skalares Produkt in $\mathbf{R}^n$ so zu definieren, daß es mit dem in $\mathbf{R}^2$ oder $\mathbf{R}^3$ festgelegten übereinstimmt:

$$(x_1, x_2, \ldots, x_n) \cdot (y_1, y_2, \ldots, y_n) =_{\mathrm{Df}} \sum_{\nu=1}^{n} x_\nu y_\nu \,.$$

Daß es sich hier wirklich um ein skalares Produkt handelt, läßt sich leicht nachsehen. Damit ist $\mathbf{R}^n$ zu einem Euklidischen Vektorraum geworden; wir versehen ihn noch mit einer Metrik.

Für $\mathfrak{x} = (x_1, x_2, \ldots, x_n)$, $\mathfrak{y} = (y_1, y_2, \ldots, y_n) \in \mathbf{R}^n$ definieren wir

$$d(\mathfrak{x}, \mathfrak{y}) = \sqrt{(x_1 - y_1)^2 + (x_2 - y_2)^2 + \ldots + (x_n - y_n)^2}$$

und prüfen die Eigenschaften einer Metrik nach. Ersichtlich sind (1) und (2) erfüllt. Es sei nun noch $\mathfrak{z} = (z_1, z_2, \ldots, z_n)$. Zu zeigen ist die Gültigkeit der Dreiecksungleichung

$$\sqrt{(x_1-z_1)^2+\ldots+(x_n-z_n)^2} \leqslant \sqrt{(x_1-y_1)^2+\ldots+(x_n-y_n)^2} + \sqrt{(y_1-z_1)^2+\ldots+(y_n-z_n)^2} \,.$$

Wir setzen $x_\nu - y_\nu = a_\nu$, $y_\nu - z_\nu = b_\nu$, also $x_\nu - z_\nu = a_\nu + b_\nu$, quadrieren und vereinfachen. Als gleichwertige Behauptung bleibt

$$\sum_{\nu=1}^{n} a_\nu b_\nu \leqslant \sqrt{\sum_{\nu=1}^{n} a_\nu^2}\ \sqrt{\sum_{\nu=1}^{n} b_\nu^2}$$

übrig. Das ist aber die in § 5 bewiesene *Schwarz*sche Ungleichung.

(8.9)

Aufgabe 1: Eine Teilmenge U eines Vektorraums V über dem Körper K heißt ein *Unterraum* von V, wenn U hinsichtlich der in V definierten Operationen ein Vektorraum über K ist.

Man beweise: Der Durchschnitt beliebig vieler Unterräume eines Vektorraums ist selbst wieder ein Unterraum.

Aufgabe 2: Die Punkte $A(-1, 0, 1)$, $B(1, 2, 4)$, $C(3, 2, -1)$, $P(1, 1, 3)$, $Q(2, 3, 0)$ seien gegeben.

a) In welchem Punkt trifft die Verbindungsgerade von P, Q die Ebene durch A, B, C?

b) Welchen Abstand hat P von der Ebene durch A, B, C?

c) Welchen Abstand hat P von der Geraden durch A, B?

Aufgabe 3: In einem Parallelogramm ist die Summe der Quadrate der vier Seiten gleich der Summe der Quadrate der Diagonalen. Beweis?

Aufgabe 4: Gegeben seien die Punkte $A(0, 1, 0)$, $B(2, 3, -1)$, $C(0, 0, 0)$ und $D(-1, 3, 4)$. Man bestimme die Gleichung der Ebene E_1 durch A, B, C. Wie lautet die Gleichung derjenigen Ebene E_2 durch D, die zu E_1 parallel ist? Wie lautet die Gleichung der Lotgeraden g von D auf E_1?

Aufgabe 5: Die Schnittpunkte der Mittellote, der Seitenhalbierenden und der Höhen eines Dreiecks liegen auf einer Geraden, der sogenannten *Euler*schen Geraden (*L. Euler*, 1707–1783). Beweis?

Aufgabe 6: Die Punkte $A(1, 1, 1)$, $B(2, 3, 4)$, $C(0, 2, 2)$ bilden ein Dreieck. Man berechne

a) die Kosinuswerte seiner Winkel,

b) seine Fläche,

c) den Schnittpunkt der Seitenhalbierenden,

d) den Schnittpunkt der Mittellote,

e) den Radius des Umkreises.

Aufgabe 7: Welchen Abstand haben die Geraden

a) $$\mathfrak{C}_1 = \begin{pmatrix} 1+\lambda \\ \lambda \\ 1-\lambda \end{pmatrix}, \quad \mathfrak{C}_2 = \begin{pmatrix} 2\mu \\ 2+2\mu \\ -2\mu \end{pmatrix};$$

b) $$\mathfrak{C}_1 = \begin{pmatrix} 1-\lambda \\ 1-2\lambda \\ \lambda \end{pmatrix}, \quad \mathfrak{C}_2 = \begin{pmatrix} 1+2\mu \\ 2+3\mu \\ 0 \end{pmatrix}?$$

Aufgabe 8: Es sei ABC ein Dreieck mit den Seiten a, b, c, der Fläche F, dem Umkreisradius r und dem Inkreisradius ρ. Setzt man $a + b + c = 2s$, so gilt

a) $$F = \sqrt{s(s-a)(s-b)(s-c)},$$

b) $$\rho = \sqrt{\frac{(s-a)(s-b)(s-c)}{s}},$$

c) $$r = \frac{abc}{4\sqrt{s(s-a)(s-b)(s-c)}}.$$

Beweis?

Aufgabe 9: Es sei ABC ein Dreieck mit den Eckpunkten A, B, C; A′, B′, C′ seien Punkte auf den den Punkten A, B, C gegenüberliegenden Dreieckseiten. Es gilt der Satz von *Ceva*: Genau dann schneiden sich die Transversalen AA′, BB′, CC′ in einem Punkt, wenn $AC' \cdot BA' \cdot CB' = A'C \cdot B'A \cdot C'B$ gilt. Beweis?

Aufgabe 10: Es sei M eine nicht leere endliche Menge. Dann wird auf der Menge $\mathbf{P}(M)$ aller Teilmengen von M durch

$$d(A, B) =_{Df} |A \cup B| - |A \cap B| \quad (A, B \in \mathbf{P}(M))$$

eine Metrik definiert. Beweis?

§ 9 Abzählbarkeit, Überabzählbarkeit

(9.1) In (1.3) hatten wir eine erste grobe Einteilung von Mengen vorgenommen, indem wir endliche und unendliche Mengen unterschieden. Es erweist sich als zweckmäßig, diese Einteilung zu verfeinern; wir wenden uns einer genaueren Untersuchung unendlicher Mengen zu und beginnen mit der

Definition: Eine unendliche Menge M heißt *abzählbar*, wenn es eine bijektive Abbildung $f: M \to \mathbf{N}$ gibt; andernfalls heißt M *überabzählbar*.

Demnach ist eine Menge M genau dann abzählbar, wenn sich ihre sämtlichen Elemente mit Hilfe der natürlichen Zahlen fortlaufend von Eins an durchnumerieren lassen und die entstehende *Folge* $m_1, m_2, m_3, \dots$ nicht abbricht.

Offenbar gibt es abzählbare Mengen:
Die Menge $\mathbf{N}$ der natürlichen Zahlen ist abzählbar. Zum Nachweis nehmen wir die identische Abbildung von $\mathbf{N}$ auf sich; sie ist bijektiv.

Die Menge $\mathbf{Z}$ der ganzen Zahlen ist abzählbar; wir fertigen eine Liste an, in der jede ganze Zahl vorkommt, etwa

$$\begin{array}{ccccccccccc} 0 & & 1 & & 2 & & 3 & & 4 & & \dots \\ & \searrow & \uparrow & \searrow & \uparrow & \searrow & \uparrow & \searrow & \uparrow & \searrow & . \\ & & -1 & & -2 & & -3 & & -4 & & \dots \end{array}$$

Dabei stehen der Größe nach geordnet in der ersten Zeile die Null und die natürlichen Zahlen, in der zweiten Zeile die negativen ganzen Zahlen. Die Pfeile geben die Reihenfolge an, in der die Zahlen der Liste aufgeschrieben sind. Es entsteht die Folge $0, -1, 1, -2, 2, -3, 3, \dots$

Auch die Menge $\mathbf{Q}$ aller rationalen Zahlen ist abzählbar. Es genügt, die Abzählbarkeit der Menge der positiven rationalen Zahlen nachzuweisen; lassen sich diese als Folge schreiben, so nach dem eben für $\mathbf{Z}$ durchgeführten Verfahren auch alle rationalen Zahlen. Wir geben nun eine Liste an:

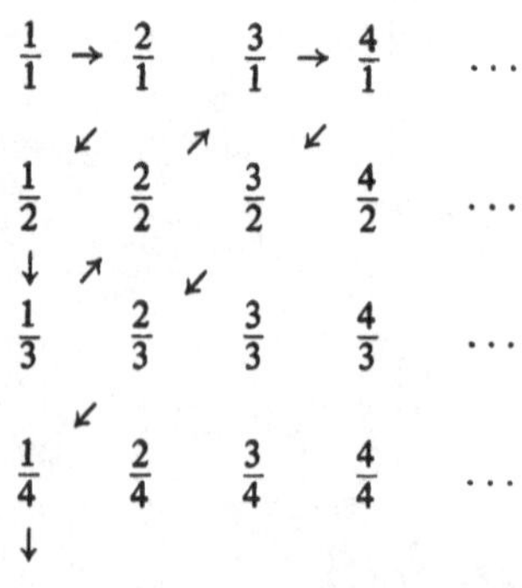

Dabei stehen der Größe nach geordnet in der ersten Zeile alle positiven rationalen Zahlen mit dem Nenner 1, in der zweiten Zeile alle mit dem Nenner 2, allgemein in der n-ten Zeile alle mit dem Nenner n ($n \in \mathbf{N}$). Das Schema enthält jede positive rationale Zahl, etwa tritt $\frac{a}{b}$ ($a, b \in \mathbf{N}$) in der b-ten Zeile an a-ter Stelle auf. Schreiben wir die Zahlen in der durch die Pfeile angedeuteten Reihenfolge auf, so entsteht eine Folge sämtlicher positiven rationalen Zahlen. Indem wir noch diejenigen Glieder der Folge streichen, deren Zähler und Nenner nicht teilerfremd sind, erhalten wir eine nicht abbrechende Folge $q_1, q_2, q_3, \ldots$, in der jede positive rationale Zahl genau einmal vorkommt.

Mit diesem sogenannten *Cauchyschen Diagonalverfahren* (*A. Cauchy*, 1789 bis 1857) beweisen wir den folgenden allgemeinen

Satz 1: Die Vereinigung abzählbar vieler abzählbarer Mengen ist abzählbar.

Beweis: Wir betrachten eine Folge $A_1, A_2, A_3, \ldots$ der sämtlichen vorgelegten Mengen. Da jede von ihnen abzählbar ist, gibt es ein quadratisches Schema aller Elemente von $\bigcup_{n=1}^{\infty} A_n$, dessen n-te Zeile genau die Elemente $a_{n1}, a_{n2}, a_{n3}, \ldots$ von A_n ($n \in \mathbf{N}$) enthält:

$$\begin{array}{cccccccc}
a_{11} & \rightarrow & a_{12} & & a_{13} & \rightarrow & a_{14} & \cdots \\
& \swarrow & & \nearrow & & \swarrow & & \\
a_{21} & & a_{22} & & a_{23} & & a_{24} & \cdots \\
\downarrow & \nearrow & & \swarrow & & & & \\
a_{31} & & a_{32} & & a_{33} & & a_{34} & \cdots \\
& \swarrow & & & & & & \\
a_{41} & & a_{42} & & a_{43} & & a_{44} & \cdots \\
\downarrow & & & & & & & \\
\cdots & \cdots & \cdots & \cdots & \cdots & \cdots & \cdots & \cdots
\end{array}$$

Die diagonale Durchlaufung dieses quadratischen Schemas nach dem obigen Vorbild liefert eine Folge sämtlicher Elemente aus $\bigcup_{n=1}^{\infty} A_n$. Durch die Streichung aller möglicherweise in ihr mehrfach auftretenden Elemente bis auf das jeweils erste ergibt sich eine nicht abbrechende Teilfolge. Sie enthält genau die Elemente aus $\bigcup_{n=1}^{\infty} A_n$, und zwar jedes nur einmal.

Als Spezialfall von Satz 1 erhalten wir den

Satz 2: Das cartesische Produkt $A \times B$ zweier abzählbarer Mengen A, B ist abzählbar.

Beweis: Man kann $A = \{a_1, a_2, a_3, \ldots\}$, $B = \{b_1, b_2, b_3, \ldots\}$ und damit $A \times B = \{(a_i, b_j) : a_i \in A, b_j \in B\}$ schreiben und das quadratische Schema der (a_i, b_j) zu einer Folge ordnen.

Sukzessive Anwendung dieses Satzes zeigt, daß das aus den endlich vielen abzählbaren Mengen $A_1, A_2, \ldots, A_n$ $(n \in \mathbf{N})$ gewonnene cartesische Produkt $A_1 \times A_2 \times \ldots \times A_n$ selbst wieder abzählbar ist.

Unter einem *Polynom vom Grad* n, $n \in \mathbf{N} \cup \{0\}$, verstehen wir eine Abbildung $f: \mathbf{R} \to \mathbf{R}$, die jedem $x \in \mathbf{R}$ das Bild $f(x) = a_n x^n + a_{n-1} x^{n-1} + \ldots + a_0 \in \mathbf{R}$ zuordnet; dabei sind die Koeffizienten $a_n, a_{n-1}, \ldots, a_0$ gewisse reelle Zahlen und $a_n \neq 0$. Als *Nullpolynom* bezeichnen wir die Abbildung $f: \mathbf{R} \to \mathbf{R}$ mit $f(x) = 0$ für alle $x \in \mathbf{R}$.

Jedes Polynom f vom Grad n besitzt in $\mathbf{R}$ höchstens n *Nullstellen*, das sind Zahlen $\alpha \in \mathbf{R}$ mit $f(\alpha) = 0$. Für $n = 0$ ist diese Aussage trivial, denn dann bildet f ja alle $x \in \mathbf{R}$ auf eine von Null verschiedene Konstante ab. Die Behauptung sei schon wahr für eine Zahl $n - 1 \geqslant 0$ $(n \in \mathbf{N})$. Besitzt dann das beliebige Polynom f vom Grad n überhaupt keine Nullstelle, so ist nichts zu zeigen. Andernfalls sei $f(\alpha) = 0$ für ein $\alpha \in \mathbf{R}$, wegen $x^\nu - \alpha^\nu = (x - \alpha)(x^{\nu-1} + x^{\nu-2}\alpha + \ldots + x\alpha^{\nu-2} + \alpha^{\nu-1})$ also

$$\begin{aligned} f(x) &= f(x) - f(\alpha) = a_n(x^n - \alpha^n) + a_{n-1}(x^{n-1} - \alpha^{n-1}) + \ldots + a_1(x - \alpha) \\ &= (x - \alpha)\, g(x) \end{aligned}$$

für alle $x \in \mathbf{R}$ mit einem Polynom g vom Grad $n - 1$, auf das bereits die Induktionsvoraussetzung zutrifft. Daher hat f insgesamt höchstens n Nullstellen, und das war nachzuweisen.

Wir betrachten nun die Menge P aller vom Nullpolynom verschiedenen Polynome mit *rationalzahligen* Koeffizienten. Jedes $f \in P$ ist umkehrbar eindeutig bestimmt durch die Angabe des $(n + 1)$-tupels $(a_n, a_{n-1}, \ldots, a_0) \in \mathbf{Q}_0 \times \mathbf{Q}^n$ seiner Koeffizienten (dabei sei $\mathbf{Q}_0 \times \mathbf{Q}^n = \mathbf{Q}_0$ für $n = 0$). Also ist P bijektiv abbildbar auf die Menge $\bigcup_{n=0}^{\infty} (\mathbf{Q}_0 \times \mathbf{Q}^n)$, und auf Grund der Bemerkung im Anschluß an den Beweis von Satz 2 ist mit $\mathbf{Q}_0$ und $\mathbf{Q}$ auch $\mathbf{Q}_0 \times \mathbf{Q}^n$ abzählbar für jedes $n = 0, 1, 2, \ldots$ Weiter liefert Satz 1 die Abzählbarkeit von $\bigcup_{n=0}^{\infty} (\mathbf{Q}_0 \times \mathbf{Q}^n)$, also die Abzählbarkeit der Menge P.

Definition: Ein $\alpha \in \mathbf{R}$ heißt *algebraisch* (über $\mathbf{Q}$), wenn es Nullstelle eines vom Nullpolynom verschiedenen Polynoms mit Koeffizienten aus $\mathbf{Q}$ ist; andernfalls heißt α *transzendent* (über $\mathbf{Q}$).

Die Menge $\mathbf{A}$ der (über $\mathbf{Q}$) algebraischen Zahlen ist abzählbar. Da nämlich P abzählbar ist und jedes $f \in P$ nur endlich viele Nullstellen besitzt, ist $\mathbf{A}$ endlich oder abzählbar. Weil jede rationale Zahl $\frac{a}{b}$ als Nullstelle eines Polynoms aus P, etwa des Polynoms f mit $f(x) = x - \frac{a}{b}$, auch algebraisch ist, folgt $\mathbf{Q} \subset \mathbf{A}$. Daher ist $\mathbf{A}$ nicht endlich, also abzählbar.

Wir bemerken, daß $\mathbf{Q}$ sogar echt in $\mathbf{A}$ enthalten ist, denn beispielsweise ist $\sqrt{2}$ Nullstelle des Polynoms $f \in P$ mit $f(x) = x^2 - 2$; $\sqrt{2}$ ist aber nicht rational: Wäre nämlich $\sqrt{2}$ rational, etwa $\sqrt{2} = \frac{a}{b}$ mit ganzen Zahlen $a, b \neq 0$, so würde $2b^2 = a^2$ folgen. Nach Satz 2 aus § 7 kommt jeder Primfaktor von $a^2, a \in \mathbf{Z}_0$, in gerader Vielfachheit vor, der Primfaktor 2 von $2b^2, b \in \mathbf{Z}_0$, dagegen in ungerader Vielfachheit. Also gilt $2b^2 \neq a^2$, und $\sqrt{2}$ ist in der Tat *irrational*, d. h. nicht rational. (Nach demselben Muster ergibt sich die Irrationalität von $\sqrt{n}$, wenn $n \in \mathbf{N}$ nicht schon selbst das Quadrat einer natürlichen Zahl ist.)

(9.2) Es bleibt die Frage nach der Existenz überabzählbarer Mengen zu beantworten. Dies geschieht durch den folgenden

Satz 3: Die Menge $\mathbf{R}$ der reellen Zahlen ist überabzählbar.

Beweis: Es genügt zu zeigen, daß die Menge aller $r \in \mathbf{R}, 0 < r \leqslant 1$, überabzählbar ist. Jedes derartige r läßt sich als nicht abbrechender Dezimalbruch $r = 0{,}a_1a_2a_3a_4 \ldots$ darstellen, so daß unter den Ziffern $a_1, a_2, a_3, a_4, \ldots \in \{0, 1, 2, \ldots, 9\}$ immer wieder einmal eine von Null verschiedene erscheint (beispielsweise ist statt 0,1 zu schreiben 0,099. . .). Diese Darstellung ist eindeutig bestimmt.

Angenommen, die Menge der $r \in \mathbf{R}$ mit $0 < r \leqslant 1$ wäre doch abzählbar. Dann gäbe es eine Liste

$$\begin{aligned} r_1 &= 0{,}a_{11}a_{12}a_{13}a_{14}\ldots, \\ r_2 &= 0{,}a_{21}a_{22}a_{23}a_{24}\ldots, \\ r_3 &= 0{,}a_{31}a_{32}a_{33}a_{34}\ldots, \\ r_4 &= 0{,}a_{41}a_{42}a_{43}a_{44}\ldots, \\ &\ldots\ldots\ldots\ldots\ldots\ldots, \end{aligned}$$

in der jedes $r \in \mathbf{R}, 0 < r \leqslant 1$, genau einmal vorkommt.

Wir führen die Annahme zum Widerspruch, indem wir ein $r \in \mathbf{R}, 0 < r \leqslant 1$, finden, das in der Liste nicht auftritt. Es sei nämlich

$$r = 0{,}b_{11}b_{22}b_{33}b_{44}\ldots$$

und darin $b_{nn} \neq a_{nn}$ und $b_{nn} \neq 0$ für alle $n \in \mathbf{N}$ gewählt. Es ist $0 < r \leqslant 1$ und r ein nicht abbrechender Dezimalbruch. Enthielte unsere Liste die Zahl r, so gäbe es ein $k \in \mathbf{N}$ mit $r = r_k$. Insbesondere wäre dann wegen der erwähnten Eindeutigkeit der Darstellung $a_{kk} = b_{kk}$; aber das ist unmöglich, da wir gerade $b_{kk} \neq a_{kk}$ gewählt hatten.

Das in diesem Beweis verwendete Verfahren wird *Cantorsches Diagonalverfahren* genannt (*G. Cantor*, 1845–1918).

Wir betrachten nun die Mengen $\mathbf{N} \subset \mathbf{Z} \subset \mathbf{Q} \subset \mathbf{A} \subset \mathbf{R}$. Da $\mathbf{R}$ als einzige von ihnen überabzählbar ist, gibt es insbesondere irrationale Zahlen und transzendente Zahlen (und zwar sogar überabzählbar viele). Die mengentheoretischen Hilfsmittel gestatten freilich nicht die konkrete Angabe auch nur einer einzigen irrationalen oder transzendenten Zahl. Sie ermöglichen nur reine Existenzbeweise.

So ist man auf andere Methoden angewiesen, um irrationale oder transzendente Zahlen zu finden. In (9.1) haben wir die Irrationalität etwa von $\sqrt{2}$ recht einfach bewiesen; Transzendenznachweise liegen dagegen wesentlich tiefer. Transzendent sind beispielsweise die in der Analysis definierten Zahlen $e = 2{,}71828\ldots$ und $\pi = 3{,}14159\ldots$

(9.3) Wir setzen unser Vorhaben, unendliche Mengen gegeneinander abzugrenzen, fort mit einer weiteren

Definition: Zwei Mengen A, B heißen *gleichmächtig*, in Zeichen: $|A| = |B|$, wenn es eine bijektive Abbildung $\phi\colon A \to B$ gibt. *Die Menge* A *hat eine kleinere Mächtigkeit als die Menge* B, in Zeichen: $|A| < |B|$ oder $|B| > |A|$, wenn es eine Teilmenge B^* von B mit $|A| = |B^*|$, aber keine Teilmenge A^* von A mit $|A^*| = |B|$ gibt.

Daß es sich hierbei wirklich um eine Definition handelt, die für endliche Mengen A, B überdies die in $\mathbf{N} \cup \{0\}$ übliche Anordnung liefert, ist klar. Zwei endliche Mengen sind genau dann gleichmächtig, wenn sie gleich viele Elemente enthalten.

Wir sehen nach, daß wir mit dem Symbol $<$ auch im Fall unendlicher Mengen wie gewohnt rechnen dürfen:

Offenbar ist für beliebige Mengen A, B höchstens eine der Aussagen $|A| < |B|$, $|A| = |B|$, $|A| > |B|$ wahr. Ferner folgt aus $|A| < |B|$ und $|B| < |C|$ stets $|A| < |C|$. Denn $|A| < |B|$ liefert die Existenz einer Teilmenge $B^* \subset B$ und einer bijektiven Abbildung $\phi\colon A \to B^*$; wegen $|B| < |C|$ existieren entsprechend $C^* \subset C$ und eine bijektive Abbildung $\psi\colon B \to C^*$. Dann ist $\psi \circ \phi$ eine bijektive Abbildung von A auf $\psi(\phi(A)) \subset C$. Andererseits existiert keine Teilmenge $A^* \subset A$ mit $|A^*| = |C|$, denn sonst gäbe es wegen $|A| = |B^*|$ noch eine Teilmenge B^{**} von $B^* \subset B$ mit $|A^*| = |B^{**}|$, und $|B^{**}| = |C|$ wäre ein Widerspruch zu $|B| < |C|$.

Viel tiefer liegt der hier nicht bewiesene Satz, daß auch mindestens eine der Aussagen $|A| < |B|$, $|A| = |B|$, $|A| > |B|$ wahr ist. Sein Beweis erfordert die sogenannte Wohlordnung der Mengen A, B.

Aus Satz 3 entnehmen wir $|\mathbf{Q}| < |\mathbf{R}|$. Es stellt sich die Frage, ob die Skala der Mächtigkeiten hier abbricht. Daß dies nicht der Fall ist, es sogar überhaupt keine größte Mächtigkeit gibt, zeigt der folgende

Satz 4: Für jede Menge M gilt $|M| < |\mathbf{P}(M)|$.

Beweis: Für endliche Mengen M ist die Aussage wahr, denn wir wissen aus § 3, Aufgabe 4, bereits $|\mathbf{P}(M)| = 2^{|M|}$. Dies können wir auch so einsehen: Ist $T \subset M$, so setzen wir $f_T(m) = 1$ für $m \in T$ und $f_T(m) = 0$ für $m \notin T$. Es gibt genau so viele Teilmengen T von M wie Abbildungen $f_T: M \to \{0,1\}$. Die Anzahl der letzteren ist aber $2^{|M|}$.

Dieses Verfahren bauen wir nun zu einem auch für beliebige Mengen M tragfähigen Beweis aus.

Für $M = \mathbf{L}$ ist die Behauptung wahr, es sei daher $M \neq \mathbf{L}$.

Zunächst gibt es eine Teilmenge E von $\mathbf{P}(M)$ mit $|E| = |M|$: sie bestehe nämlich etwa aus allen einelementigen Teilmengen $\{m\}$ von M; offenbar ist die Abbildung $\chi: M \to E$ mit $\chi(m) = \{m\}$ bijektiv.

Zu zeigen bleibt noch, daß es keine Teilmenge von M mit derselben Mächtigkeit wie $\mathbf{P}(M)$ gibt. Für jede Teilmenge T von M (oder: $T \in \mathbf{P}(M)$) definieren wir eine Abbildung $f_T: M \to \{0,1\}$ durch

$$f_T(m) = \begin{cases} 1 & \text{für } m \in T \\ 0 & \text{für } m \notin T \end{cases}.$$

Es sei $F = \{f_T: T \in \mathbf{P}(M)\}$ die Menge aller dieser Abbildungen; sie ist bijektiv abbildbar auf $\mathbf{P}(M)$ durch $\phi: \mathbf{P}(M) \to F$ mit $\phi(T) = f_T$. Also gilt $|F| = |\mathbf{P}(M)|$, d. h. die Menge aller Abbildungen von M in $\{0,1\}$ und die Potenzmenge von M sind gleichmächtig.

Zum Beweis von Satz 4 genügt es also zu zeigen: Für keine Teilmenge $U \subset M$ gilt $|U| = |F|$. Dazu benutzen wir eine verallgemeinerte Version des *Cantor*schen Diagonalverfahrens. Angenommen, es gibt doch eine bijektive Abbildung $\psi: U \to F$ einer Teilmenge U von M auf F. Dann ist $\psi(u) \in F$ für jedes $u \in U$. Wir betrachten die Zahlen $(\psi(u))(u) \in \{0,1\}$. Jede von ihnen ist entweder Null oder Eins. Also gibt es ein $f \in F$ mit $f(u) \neq (\psi(u))(u)$ für jedes $u \in U$. Dieses f kann also unter den ψ-Bildern der Elemente von U nicht auftreten. Die Annahme ist falsch, der Satz damit nachgewiesen.

Als Folgerung bemerken wir, daß die Kette

$$|\mathbf{N}| = |\mathbf{Q}| < |\mathbf{R}| < |\mathbf{P}(\mathbf{R})| < |\mathbf{P}(\mathbf{P}(\mathbf{R}))| < \dots$$

von Mächtigkeiten nicht abbricht.

(9.4)

Aufgabe 1: Eine Teilmenge I von $\mathbf{R}$ heißt ein Intervall, wenn I wenigstens zwei voneinander verschiedene reelle Zahlen enthält und mit $a, b \in I, a < b$, auch jedes $x \in \mathbf{R}, a < x < b$, zu I gehört.
Man zeige: Jede Menge paarweise disjunkter Intervalle ist endlich oder abzählbar.

Aufgabe 2: Es sei $I = \{x: x \in \mathbf{R}, 0 < x \leqslant 1\}$. Dann gilt $|I| = |\mathbf{R}|$. Beweis?

Aufgabe 3: Man zeige die Irrationalität von $\sqrt{2} + \sqrt{3}$.

Aufgabe 4: Genau dann ist $\xi \in \mathbf{R}$ eine irrationale Zahl, wenn es unendlich viele rationale Zahlen $\frac{p}{q}$ gibt, die der Bedingung

$$\left|\xi - \frac{p}{q}\right| < \frac{1}{q^2}$$

genügen. Beweis?

§ 10 Komplexe Zahlen

(10.1) Bekanntlich ist in dem reellen Zahlkörper $\mathbf{R}(+, \cdot)$ nicht jede quadratische Gleichung der Form $x^2 + ax + b = 0$ mit $a, b \in \mathbf{R}$ lösbar. Dies folgt aus der Tatsache, daß für jede reelle Zahl r das Quadrat r^2 nicht negativ ist. Es liegt nahe, eine $\mathbf{R}(+, \cdot)$ umfassende algebraische Struktur zu suchen – sofern es eine solche überhaupt gibt –, der dieser Mangel nicht anhaftet.

Das Bedürfnis nach derartigen Erweiterungen ist uns nicht neu; beispielsweise ergibt sich $\mathbf{Z}(+)$ aus $\mathbf{N}(+)$ durch Hinzunahme der nicht in $\mathbf{N}$ gelegenen Lösungen von Gleichungen der Form $a + x = b$ mit $a, b \in \mathbf{N}$. Entsprechend führt das Verlangen nach einem Rechenbereich, in dem jede Gleichung der Form $ax = b$ mit $a, b \in \mathbf{Z}, a \neq 0$, lösbar ist, von $\mathbf{Z}(+, \cdot)$ zu $\mathbf{Q}(+, \cdot)$.

Wir gehen also davon aus, es sei $i \notin \mathbf{R}$ eine Lösung der in $\mathbf{R}$ unlösbaren quadratischen Gleichung $x^2 + 1 = 0$, und geben die naive Erklärung ab: Eine komplexe Zahl ist ein Ausdruck der Gestalt $a + bi$, bestehend aus den Zahlen $a, b \in \mathbf{R}$ und den Symbolen $+$ und i. Die Menge der komplexen Zahlen sei $\mathbf{C}$; wir wollen in ihr so rechnen wie in $\mathbf{R}(+, \cdot)$ und dabei $i^2 = -1$ setzen:

$$\mathbf{C} = \{a + bi \colon a, b \in \mathbf{R}\}, \quad i^2 = -1.$$

Gemäß dieser Erklärung sehen wir zwei komplexe Zahlen $a + bi, c + di$ mit $a, b, c, d \in \mathbf{R}$ genau dann als gleich an, wenn $a = c$ und $b = d$ ist,

$$a + bi = c + di \Leftrightarrow a = c \text{ und } b = d,$$

und definieren eine Addition und eine Multiplikation auf $\mathbf{C}$ durch

$$(a + bi) + (c + di) =_{Df} (a + c) + (b + d)i,$$
$$(a + bi) \cdot (c + di) =_{Df} (ac - bd) + (ad + bc)i.$$

Ferner vereinbaren wir die Schreibweise a statt $a + 0i$ und bi statt $0 + bi$. Hieraus entnehmen wir sofort $\mathbf{R} \subset \mathbf{C}$ und wegen $i \notin \mathbf{R}$ sogar $\mathbf{R} \neq \mathbf{C}$. Die obigen Festsetzungen sind plausibel, denn die Rechenoperationen auf $\mathbf{C}(+, \cdot)$ stimmen auf der Teilstruktur $\mathbf{R}(+, \cdot)$ mit der dort üblichen Addition und Multiplikation überein. Auch die Gleichheitsdefinition ist vernünftig, denn aus $a + bi = c + di$ erhalten wir durch formale Anwendung der in $\mathbf{R}(+, \cdot)$ üblichen Rechenregeln $a - c = (d - b)i$, und dies ist wegen $i \notin \mathbf{R}$ nur dann sinnvoll, wenn $d = b$, also auch $a = c$, gilt.

Es bleibt zunächst offen, ob die algebraische Struktur $\mathbf{C}(+, \cdot)$ überhaupt existiert; die vorhin erklärten Rechenvorschriften könnten ja auf Widersprüche führen. Den konstruktiven Nachweis und damit die Rechtfertigung für alles Weitere erbringen wir in (10.4).

Wir sehen nach, daß $\mathbf{C}(+, \cdot)$ ein Körper ist. Hinsichtlich der Addition bildet $\mathbf{C}$ offenbar eine abelsche Gruppe. Dasselbe gilt für die Menge $\mathbf{C}_0$ der von $0 \in \mathbf{C}$

verschiedenen Elemente aus $\mathbf{C}$ hinsichtlich der Multiplikation. Nicht trivial ist neben dem Assoziativgesetz, das man nachrechnen muß, vor allem die Umkehrbarkeit der Multiplikation: Es sei $a + bi \in \mathbf{C}_0$ mit $a, b \in \mathbf{R}$ (und $a^2 + b^2 \neq 0$). Wenn es zutrifft, daß $\mathbf{C}(+, \cdot)$ ein Körper ist, so folgt durch formale Anwendung der Bruchrechenregeln

$$\frac{1}{a + bi} = \frac{a - bi}{(a + bi)(a - bi)} = \frac{a - bi}{a^2 + b^2} = \frac{a}{a^2 + b^2} - \frac{b}{a^2 + b^2} i,$$

und dieses in $\mathbf{C}_0$ gelegene Element ist wirklich das multiplikative Inverse zu $a + bi \in \mathbf{C}_0$, denn ihr Produkt ergibt 1. Schließlich sind auch die Distributivgesetze, von denen wegen der Kommutativität der Multiplikation nur eines nachgeprüft zu werden braucht, erfüllt.

Die Elemente des *komplexen Zahlkörpers* $\mathbf{C}(+, \cdot)$ bezeichnen wir im folgenden abkürzend oft durch jeweils einen einzigen Buchstaben, etwa a, b, c, w, z, ζ usf. Es gelten in $\mathbf{C}(+, \cdot)$ alle Rechenregeln, die wir in § 7 generell für Körper notiert haben. Insbesondere ist $\mathbf{C}(+, \cdot)$ nullteilerfrei, d. h. aus $z_1 z_2 = 0$ $(z_1, z_2 \in \mathbf{C})$ folgt $z_1 = 0$ oder $z_2 = 0$, es gelten der binomische Satz und die Bruchrechenregeln.

Speziell sollte man wissen, wie sich Quotienten komplexer Zahlen umformen lassen, so daß der Nenner reell wird: Man erweitert $\frac{a + bi}{c + di}$ $(a, b, c, d \in \mathbf{R}$, $c^2 + d^2 \neq 0)$ einfach mit $c - di$ und erhält

$$\frac{a + bi}{c + di} = \frac{(a + bi)(c - di)}{(c + di)(c - di)} = \frac{(a + bi)(c - di)}{c^2 + d^2}.$$

Wir bemerken noch, daß die ganzzahligen Potenzen i^n $(n \in \mathbf{Z})$ von i nur der vier Werte $1, i, -1, -i$ fähig sind, je nachdem n bei Division durch 4 den Rest $0, 1, 2, 3$ läßt.

Unsere ersten Untersuchungen beinhalten damit das Ergebnis: In $\mathbf{C}(+, \cdot)$ kann wie gewohnt gerechnet werden; es ist nur $i^2 = -1$ zu beachten.

(10.2) Es ist nützlich, sich die Menge $\mathbf{C}$ der komplexen Zahlen zu veranschaulichen. Dazu wählen wir in der Ebene ein rechtwinkliges cartesisches Koordinatensystem, bestehend aus einer x-Achse und einer y-Achse, und definieren eine Abbildung $f: \mathbf{C} \to \mathbf{R} \times \mathbf{R}$ durch $f(x + yi) = (x, y)$. Die Abbildung f ist offenbar bijektiv; jeder komplexen Zahl entspricht eineindeutig ein Punkt der sogenannten *Gaußschen Zahlenebene*. Insbesondere sind den Punkten der x-Achse genau die reellen Zahlen zugeordnet; daher bezeichnen wir die x-Achse auch als die reelle Achse, die y-Achse als die imaginäre Achse.

Es sei z eine komplexe Zahl, also $z = x + yi$ mit $x, y \in \mathbf{R}$; dann heißen

$$x =_{Df} \operatorname{Re} z, \quad y =_{Df} \operatorname{Im} z$$

der *Realteil* bzw. der *Imaginärteil* von z und

$$\overline{z} = x - yi$$

die zu z *konjugiert-komplexe Zahl*.

In der *Gauß*schen Zahlenebene liegen die „Punkte" z und $\overline{z}$ spiegelbildlich zur reellen Achse, und $-z$ ergibt sich aus z durch Spiegelung am Ursprung. Die komplexe Zahl z ist ersichtlich genau dann reell, wenn $z = \overline{z}$ gilt; sie ist genau dann imaginär (d. h. es ist $\operatorname{Re} z = 0$), wenn $z = -\overline{z}$ gilt.

Da sich die Addition komplexer Zahlen und die Multiplikation einer komplexen Zahl mit einer reellen Zahl in der *Gauß*schen Zahlenebene komponentenweise darstellen, folgt sofort: $\mathbf{C}$ ist hinsichtlich der in (10.1) eingeführten Addition und (eingeschränkten) Multiplikation ein Vektorraum über $\mathbf{R}$. Die Addition der komplexen Zahlen z_1, z_2 erfolgt anschaulich durch die Addition der Vektoren, die vom Ursprung nach den Punkten z_1, z_2 führen.

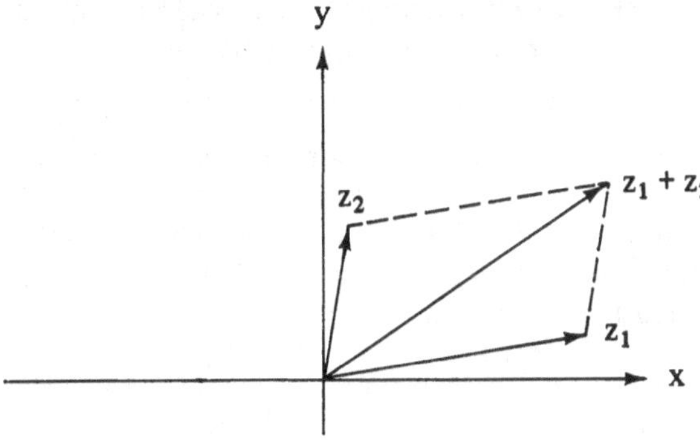

Setzen wir für $z = x + yi \in \mathbf{C}$ mit $x, y \in \mathbf{R}$ noch den *Betrag* von z durch die Länge

$$|z| =_{Df} \sqrt{x^2 + y^2}$$

des Vektors z fest, so erhalten wir mit $d(z_1, z_2) =_{Df} |z_1 - z_2|$ $(z_1, z_2 \in \mathbf{C})$ eine Metrik gemäß (8.8) auf $\mathbf{C}$. Sie deckt sich mit dem normalen Abstandsbegriff in der *Gauß*schen Zahlenebene.

Insgesamt gelten die nachstehenden Rechenregeln $(z, z_1, z_2 \in \mathbf{C})$:

(1) $\overline{\overline{z}} = z$,

(2) $\operatorname{Re} z = \frac{1}{2}(z + \overline{z}), \quad \operatorname{Im} z = \frac{1}{2i}(z - \overline{z})$,

(3) $|z| = |\overline{z}|$,

(4) $-|z| \leqslant \operatorname{Re} z, \operatorname{Im} z \leqslant |z|,$

(5) $|z|^2 = z\,\overline{z},$

(6) $|z_1 + z_2| \leqslant |z_1| + |z_2|.$

Diese Regeln, speziell die *Dreiecksungleichung* (6) und ihre aus § 5 bekannten Verallgemeinerungen sind trivial; mit kurzen Rechnungen ergeben sich noch

(7) $\overline{z_1 \pm z_2} = \overline{z_1} \pm \overline{z_2}, \quad \overline{z_1 z_2} = \overline{z_1}\;\overline{z_2},$

(8) $|z_1 z_2| = |z_1|\,|z_2|.$

Dabei gelten (7) und (8) entsprechend auch für den Quotienten zweier komplexer Zahlen. Speziell ist $\left|\frac{1}{z}\right| = \frac{1}{|z|}$ $(z \neq 0)$.

Daß es beim Nachweis der Regeln nicht immer nötig ist, auf die Darstellung von $z \in \mathbf{C}$ durch $z = x + yi$ mit $x, y \in \mathbf{R}$ zurückzugehen, zeigen wir am Beispiel der Regel (8). Sie ist gleichwertig mit $|z_1 z_2|^2 = |z_1|^2 |z_2|^2$, und dies folgt durch Ausrechnen der linken Seite mittels (5) und (7):

$$|z_1 z_2|^2 = (z_1 z_2)(\overline{z_1 z_2}) = z_1 z_2 \overline{z_1}\;\overline{z_2} = (z_1 \overline{z_1})(z_2 \overline{z_2}) = |z_1|^2 |z_2|^2.$$

Dieser Gleichung entnehmen wir eine zahlentheoretische Konsequenz, indem wir $z_1 = a + bi$, $z_2 = c + di$ mit $a, b, c, d \in \mathbf{Z}$ setzen; es folgt

$$(a^2 + b^2)(c^2 + d^2) = (ac - bd)^2 + (ad + bc)^2,$$

und dies bedeutet, daß sich die Eigenschaft ganzer Zahlen, als Summe zweier Quadratzahlen darstellbar zu sein, auch auf ihr Produkt überträgt. Die obige Identität läßt sich leicht direkt nachprüfen; die eigentliche Schwierigkeit besteht darin, sie zu finden. Ihre Herleitung mit Hilfe komplexer Zahlen ist überraschend und läßt deren Nützlichkeit vermuten.

Wir geben noch eine weitere Anwendung des Rechnens mit komplexen Zahlen: Es sei ein Polynom $p: \mathbf{C} \to \mathbf{C}$ vom Grad $n \in \mathbf{N}$ durch

$$p(z) = a_n z^n + a_{n-1} z^{n-1} + \ldots + a_0 \text{ mit } a_n \neq 0, a_{n-1}, \ldots, a_0 \in \mathbf{C}$$

definiert. Dann hat p höchstens n Nullstellen in $\mathbf{C}$, was sich wie in § 9 ergibt. Sind die Koeffizienten $a_n, a_{n-1}, \ldots, a_0$ sogar sämtlich reell und $\zeta \in \mathbf{C}$ eine Nullstelle von p, so ist auch $\overline{\zeta} \in \mathbf{C}$ Nullstelle von p. Wegen $p(\zeta) = 0$ ist nämlich $\overline{p(\zeta)} = \overline{0} = 0$, also aufgrund von (7) weiter

$$\overline{a_n}\,\overline{\zeta}^n + \overline{a_{n-1}}\,\overline{\zeta}^{n-1} + \ldots + \overline{a_0} = 0$$

oder, da $a_\nu = \overline{a_\nu} \in \mathbf{R}$ für $\nu = 0,1,\ldots,n$ gilt,

$$a_n \overline{\zeta}^n + a_{n-1} \overline{\zeta}^{n-1} + \ldots + a_0 = 0.$$

Dies ist die behauptete Gleichung $p(\overline{\zeta}) = 0$. Die nicht reellen Nullstellen eines Polynoms mit reellen Koeffizienten treten daher stets in Paaren konjugiert-komplexer Zahlen auf.

(10.3) Um eine geometrische Deutung der Multiplikation komplexer Zahlen zu erhalten, führen wir *Polarkoordinaten* in der orientierten *Gauß*schen Zahlenebene ein. Die Orientierung sei dabei wie üblich so vorgenommen, daß zu der mathematisch positiven Durchlaufung des Einheitskreises von 1 nach i der Winkel $\frac{\pi}{2}$ modulo 2π gehört. In $z = x + yi \neq 0$ $(x, y \in \mathbf{R})$ schreiben wir $x = r\cos\phi$, $y = r\sin\phi$, also

$$z = r(\cos\phi + i\sin\phi).$$

Hierin sind die Polarkoordinaten $r = |z|$ der Betrag von z und ϕ der bis auf ganzzahlige Vielfache von 2π bestimmte Winkel zwischen dem positiven Teil der reellen Achse und der von O ausgehenden Halbgeraden durch z. Wir nennen

$$\phi =_{\mathrm{Df}} \arg z \quad (z \neq 0)$$

das *Argument* von $z \in \mathbf{C}$; es ist nur modulo 2π bestimmt. Jede komplexe Zahl $z \neq 0$ ist eineindeutig durch die Angabe von $|z|$ und $\arg z$ festgelegt, und es gilt $z = 0$ genau dann, wenn $|z| = 0$ ist.

Es seien $z_1, z_2 \in \mathbf{C}$ von Null verschieden und $z_1 = r_1(\cos\phi_1 + i\sin\phi_1)$, $z_2 = r_2(\cos\phi_2 + i\sin\phi_2)$; für ihr Produkt erhalten wir

$$z_1 z_2 = r_1 r_2 \{(\cos\phi_1\cos\phi_2 - \sin\phi_1\sin\phi_2) + i(\sin\phi_1\cos\phi_2 + \cos\phi_1\sin\phi_2)\}$$

und weiter unter Verwendung der Additionstheoreme aus (8.4)

$$z_1 z_2 = r_1 r_2(\cos(\phi_1 + \phi_2) + i\sin(\phi_1 + \phi_2)).$$

Diese Gleichung bestätigt nochmals die Regel (8) und zeigt zusätzlich

$$(9) \qquad \arg(z_1 z_2) = \arg z_1 + \arg z_2 \quad (z_1 z_2 \neq 0).$$

Entsprechend ist $\arg\frac{z_1}{z_2} = \arg z_1 - \arg z_2$, wieder unter der Voraussetzung $z_1 z_2 \neq 0$; aus (9) folgt ja auch $\arg\frac{z_1}{z_2} z_2 = \arg\frac{z_1}{z_2} + \arg z_2$. Speziell gilt

$$\frac{1}{z} = \frac{1}{r}(\cos\phi - i\sin\phi)$$

für ein $z \neq 0$ mit $|z| = r$ und $\arg z = \phi$.

Für die Potenzen von $z = r(\cos\phi + i\sin\phi)$ bekommen wir

$$z^n = r^n(\cos n\phi + i\sin n\phi) \quad (n \in \mathbf{N}).$$

Insbesondere lesen wir hieraus die sogenannte *Moivresche Formel*

$$(10) \qquad (\cos\phi + i\sin\phi)^n = \cos n\phi + i\sin n\phi \quad (n \in \mathbf{N})$$

ab, die eine einfache Möglichkeit aufzeigt, $\cos n\phi$ und $\sin n\phi$ durch $\cos\phi$ und $\sin\phi$ auszudrücken. Für $n = 3$ beispielsweise erhalten wir durch Vergleich der Realteile beiderseits in (10) die Beziehung $\cos 3\phi = \cos^3\phi - 3\cos\phi\sin^2\phi$ $= 4\cos^3\phi - 3\cos\phi$.

Unter den n-ten Wurzeln $(n \in \mathbf{N})$ einer komplexen Zahl a verstehen wir sämtliche Lösungen z der Gleichung $z^n = a$.

Die komplexe Zahl $a \neq 0$ besitze die Darstellung $a = |a|(\cos\alpha + i\sin\alpha)$; dann folgt für alle $z = |z|(\cos\phi + i\sin\phi)$ mit $z^n = a$ die Beziehung

$$|z|^n(\cos n\phi + i\sin n\phi) = |a|(\cos\alpha + i\sin\alpha).$$

Für die gesuchten Wurzeln z ist daher $|z| = \sqrt[n]{|a|}$, wobei $\sqrt[n]{|a|}$ die eindeutig bestimmte positive reelle n-te Wurzel aus $|a|$ bezeichnet. Der Vergleich der Argumente, die nur modulo 2π bestimmt sind, liefert weiter $n\phi = \alpha + 2k\pi$, also $\phi = \frac{\alpha}{n} + k\frac{2\pi}{n}$ $(k \in \mathbf{Z})$. Ersichtlich bekommt man für $k = 0, 1, \ldots, n-1$ paarweise modulo 2π verschiedene Argumente ϕ, und jede andere Wahl von $k \in \mathbf{Z}$ liefert nichts Neues. Also sind die Lösungen der Gleichung $z^n = a$, d. h. die n-ten Wurzeln aus a, $a \neq 0$, genau die Zahlen

$$\sqrt[n]{|a|}\left\{\cos\left(\frac{\alpha}{n} + k\frac{2\pi}{n}\right) + i\sin\left(\frac{\alpha}{n} + k\frac{2\pi}{n}\right)\right\}, \quad k = 0, 1, \ldots, n-1.$$

Bezeichnen wir durch das Symbol $\sqrt[n]{a}$ eine beliebige, aber feste dieser n-ten Wurzeln aus a und setzen $\zeta = \cos\frac{2\pi}{n} + i\sin\frac{2\pi}{n}$, so können wir die n-ten Wurzeln aus a auch so darstellen:

$$\sqrt[n]{a}\cdot\zeta^k, \quad k = 0, 1, \ldots, n-1.$$

Sie beschreiben in der *Gauß*schen Zahlenebene die Eckpunkte eines regelmäßigen n-Ecks.

Beispielsweise erhalten wir für die dritten Wurzeln aus $8i = 8(\cos\frac{\pi}{2} + i\sin\frac{\pi}{2})$ die Werte $\sqrt{3} + i, -\sqrt{3} + i, -2i$.

(10.4) Wir holen die angekündigte Rechtfertigung nach, indem wir den komplexen Zahlkörper $\mathbf{C}(+, \cdot)$ aus dem reellen Zahlkörper $\mathbf{R}(+, \cdot)$ konstruieren. Zur Durchführung dieser Konstruktion benötigen wir eine grundlegende Aussage; es handelt sich um das *Paarmengenaxiom* der Mengenlehre: Sind A, B Mengen, so ist auch $A \times B$ eine Menge.

Ausgangspunkt der Konstruktion ist die *Existenz*, also die *Widerspruchsfreiheit* des reellen Zahlkörpers $\mathbf{R}(+, \cdot)$; hierüber werden wir uns in § 12 noch äußern.

Aufgrund des Paarmengenaxioms dürfen wir die Existenz der Menge $\mathbf{R} \times \mathbf{R}$ folgern; sie ist nicht leer. Durch Zurückführung auf die im Körper $\mathbf{R}(+, \cdot)$ vorhandenen Rechenoperationen definieren wir auf $\mathbf{R} \times \mathbf{R}$ eine nach dem Vorbild von (10.1) eingerichtete Addition und entsprechend eine Multiplikation:

$$(*) \qquad \begin{aligned} (a, b) + (c, d) &=_{Df} (a + c, b + d), \\ (a, b) \cdot (c, d) &=_{Df} (ac - bd, bc + ad) \end{aligned}$$

für alle $(a, b), (c, d) \in \mathbf{R} \times \mathbf{R}$. Damit wird $\mathbf{R} \times \mathbf{R}$ eine algebraische Struktur, und wir zeigen genauer: $\mathbf{R} \times \mathbf{R}\,(+,\cdot)$ ist ein Körper. Die Addition auf $\mathbf{R} \times \mathbf{R}$ erfolgt komponentenweise, ist also wegen der Assoziativität und Kommutativität der Addition in $\mathbf{R}$ selbst assoziativ und kommutativ. Es ist $(0,0) \in \mathbf{R} \times \mathbf{R}$ Nullelement von $\mathbf{R} \times \mathbf{R}$ und $(-a, -b) \in \mathbf{R} \times \mathbf{R}$ additives Inverses von $(a, b) \in \mathbf{R} \times \mathbf{R}$. Hinsichtlich der Addition bildet $\mathbf{R} \times \mathbf{R}$ somit eine abelsche Gruppe.

Die Multiplikation auf $\mathbf{R} \times \mathbf{R}$ ist ebenfalls assoziativ und kommutativ; dies ist nicht mehr trivial:

$$\begin{aligned}(a, b)\,\{(c, d)(e, f)\} &= (a, b)(ce - df, de + cf)\\ &= (ace - adf - bde - bcf, bce - bdf + ade + acf)\\ &= (ac - bd, bc + ad)(e, f)\\ &= \{(a, b)(c, d)\}\,(e, f),\\ (a, b)(c, d) = (ac - bd, bc + ad) &= (c, d)(a, b).\end{aligned}$$

Ferner ist $(1, 0) \in \mathbf{R} \times \mathbf{R}$ Einselement von $\mathbf{R} \times \mathbf{R}$, und das multiplikative Inverse von $(a, b) \in \mathbf{R} \times \mathbf{R}$, $(a, b) \neq (0, 0)$, ist

$$\left(\frac{a}{a^2 + b^2}, \frac{-b}{a^2 + b^2}\right) \in \mathbf{R} \times \mathbf{R}.$$

Es liefert, multipliziert mit (a, b), das Paar $(1, 0)$.

Schließlich braucht wegen der Kommutativität der Multiplikation nur noch eines der Distributivgesetze nachgeprüft zu werden. Da die rechten Seiten in

$$\begin{aligned}(a, b)\,\{(c, d) + (e, f)\} &= (a, b)(c + e, d + f)\\ &= (ac + ae - bd - bf, bc + be + ad + af)\end{aligned}$$

und

$$\begin{aligned}(a, b)(c, d) + (a, b)(e, f) &= (ac - bd, bc + ad) + (ae - bf, be + af)\\ &= (ac + ae - bd - bf, bc + be + ad + af)\end{aligned}$$

übereinstimmen, ist alles nachgewiesen. Es ist $\mathbf{R} \times \mathbf{R}\,(+,\cdot)$ ein Körper. Jedes Element $(a, b) \in \mathbf{R} \times \mathbf{R}$ läßt sich in der Gestalt $(a, b) = (a, 0) + (0, b)$ oder

$$(a, b) = (a, 0) + (b, 0)(0, 1)$$

schreiben; darin ist $(0, 1)(0, 1) = (-1, 0)$.

Wir betrachten nun die Teilmenge $T \subset \mathbf{R} \times \mathbf{R}$ mit $T = \{(a, 0) : a \in \mathbf{R}\}$. Sie ist sogar eine Teilstruktur von $\mathbf{R} \times \mathbf{R}$, denn die auf $\mathbf{R} \times \mathbf{R}$ definierten Operationen führen nicht aus T heraus. Die Abbildung $f: \mathbf{R} \to T$ mit $f(a) = (a, 0)$ ist ersichtlich bijektiv und wegen $f(a) + f(b) = (a, 0) + (b, 0) = (a + b, 0) = f(a + b)$ sowie $f(a)f(b) = (a, 0)(b, 0) = (ab, 0) = f(ab)$ relationstreu. Wir übertragen den aus der Gruppentheorie bekannten Isomorphiebegriff und stellen fest: $\mathbf{R}$ und T sind isomorph. Wir tauschen in $\mathbf{R} \times \mathbf{R}\,(+,\cdot)$ die Elemente von T gegen die Elemente von $\mathbf{R}$ aus, indem wir statt $(a, 0)$ einfach a schreiben. Bezeichnen wir noch $(0, 1) \in \mathbf{R} \times \mathbf{R}$ mit i und nennen den durch diese Änderung der

Schreibweise erhaltenen Körper $\mathbf{C}$, so ist aus $(a, b) = (a, 0) + (b, 0)(0, 1)$ nun rechts $a + bi$ geworden, und der Körper

$$\mathbf{C} = \{a + bi\colon a, b \in \mathbf{R}\}, \quad i^2 = -1,$$

ist konstruiert. Aus den Regeln (∗) entnehmen wir, daß wir in $\mathbf{C}(+, \cdot)$ in der Tat so rechnen dürfen, wie wir es bislang getan haben. Es hat sich ergeben: Wenn der reelle Zahlkörper $\mathbf{R}(+, \cdot)$ existiert (man also widerspruchsfrei in ihm rechnen kann), so gilt dies auch für den komplexen Zahlkörper $\mathbf{C}(+, \cdot)$.

(10.5)

Aufgabe 1: Man berechne die Absolutbeträge von

a) $\dfrac{3(2 + i)(3 - 2i)}{(4 + 7i)(1 - 2i)}$, b) $2 - i + \dfrac{3 - 4i}{2 + i}$.

Aufgabe 2: Man bestimme den geometrischen Ort aller Punkte z in der *Gauß*schen Zahlenebene mit

a) $\operatorname{Re} z^2 = 0$, b) $\operatorname{Im} z^2 = 2$,

c) $\left|\dfrac{z - a}{z - b}\right| = q$ $(a, b \in \mathbf{C}, a \neq b;\ q \in \mathbf{R}, q > 0)$.

Aufgabe 3: Man berechne

a) die dritten Wurzeln aus $2 - 2i$,

b) die sechsten Wurzeln aus 1,

c) die Nullstellen von $z^4 - (5 + 8i)z^2 + 48 - 20i$.

Aufgabe 4: Man berechne $\cos \dfrac{2\pi}{5}$.

Aufgabe 5: Es gibt keine natürliche Zahl n mit $\left(\dfrac{2 + i}{2 - i}\right)^n = 1$. Beweis?

§ 11 Äquivalenzrelationen, Kongruenzrelationen

(11.1) Des öfteren besteht in der Mathematik das Bedürfnis, Objekte als einander gleich anzusehen, die es von vornherein gar nicht sind. Beispielsweise in der Elementargeometrie unterscheidet man kongruente Dreiecke nicht. Im folgenden wollen wir die Berechtigung derartiger Abstraktionen überprüfen.

Definition: Es sei $M \neq \emptyset$ eine Menge. Wir sagen, auf M sei eine *Relation* „$\sim$" erklärt, wenn für je zwei Elemente x, y aus M feststeht, ob $x \sim y$ gilt oder nicht $(x \not\sim y)$.

Ist $R \subset M \times M$ eine beliebige Teilmenge des cartesischen Produkts $M \times M$, so ist durch $(x, y) \in R \Leftrightarrow x \sim y$ eine Relation „$\sim$" auf M definiert und umgekehrt. Es ist üblich, dann die Teilmenge R von $M \times M$ selbst als eine (zweistellige) Relation zu bezeichnen. Uns interessieren spezielle Relationen.

Definition: Es sei auf der Menge $M \neq \emptyset$ eine Relation „$\sim$" gegeben. Sie heißt eine *Äquivalenzrelation* auf M, wenn die drei nachstehenden Forderungen für alle Elemente x, y, z aus M erfüllt sind.

(1) $x \sim x$ (Reflexivität),

(2) $x \sim y \Rightarrow y \sim x$ (Symmetrie),

(3) $[x \sim y \text{ und } y \sim z] \Rightarrow x \sim z$ (Transitivität).

Wir notieren Beispiele für Äquivalenzrelationen.

Beispiel 1: Es sei M die Menge aller Dreiecke der Ebene, und „$\sim$" bedeute „kongruent".

Beispiel 2: Es sei M die Menge aller Dreiecke der Ebene, und „$\sim$" bedeute „ähnlich".

Beispiel 3: Es sei M die Menge aller orientierten Strecken des Raumes, und „$\sim$" bedeute die Übereinstimmung in Länge, Richtung und Orientierung.

Beispiel 4: Es sei M die Menge aller Abbildungen von $\mathbf{R}$ in sich, und es gelte $f \sim g$ $(f, g \in M)$ genau dann, wenn es eine reelle Zahl c gibt mit $f(x) - g(x) = c$ für alle $x \in \mathbf{R}$.

Beispiel 5: Es sei n eine feste natürliche Zahl, $M = \mathbf{Z}$ und

$$a \sim b \Leftrightarrow n \mid (a - b).$$

In den beiden letzten Beispielen muß man im wesentlichen das Transitivgesetz nachsehen. Etwa in Beispiel 5 folgt aus $a \sim b$ und $b \sim c$, daß n in $(a - b) + (b - c) = a - c$ aufgeht, also $a \sim c$.

Die beiden folgenden Beispiele benötigen wir später noch.

Beispiel 6: Es sei $M = \mathbf{N} \times \mathbf{N}$ und $(a, b) \sim (c, d) \Leftrightarrow a + d = b + c$ $(a, b, c, d \in \mathbf{N})$.

Beim Nachweis, daß „$\sim$" eine Äquivalenzrelation auf $\mathbf{N} \times \mathbf{N}$ ist, kommen wir mit den Eigenschaften der Addition in $\mathbf{N}(+)$ aus. Wegen $a + b = b + a$ gilt $(a, b) \sim (a, b)$, also (1). Aus $(a, b) \sim (c, d)$ oder $a + d = b + c$ folgt $c + b = d + a$ oder $(c, d) \sim (a, b)$, wie in (2) verlangt. Schließlich bedeutet $(a, b) \sim (c, d), (c, d) \sim (e, f)$ dasselbe wie $a + d = b + c, c + f = d + e$, und durch Addition entsteht $(a + d) + (c + f) = (b + c) + (d + e)$ oder $(a + f) + (c + d) = (b + e) + (c + d)$, also $a + f = b + e$ oder $(a, b) \sim (e, f)$ und damit (3).

Beispiel 7: Es sei $M = \mathbf{Z} \times \mathbf{Z}_0$ und $(a, b, c, d \in \mathbf{Z};\ b \neq 0, d \neq 0)$

$$(a, b) \sim (c, d) \Leftrightarrow ad = bc.$$

Die Relation „$\sim$" auf $\mathbf{Z} \times \mathbf{Z}_0$ ist hierbei auf die Multiplikation in $\mathbf{Z}$ zurückgeführt. Es handelt sich wirklich um eine Äquivalenzrelation. Zunächst ist $ab = ba$ gleichbedeutend mit $(a, b) \sim (a, b)$, also „$\sim$" reflexiv. Aus $(a, b) \sim (c, d)$ oder $ad = bc$ folgt $cb = da$ oder $(c, d) \sim (a, b)$ und damit die Symmetrie von „$\sim$". Zum Beweis der Transitivität von „$\sim$" gelte $(a, b) \sim (c, d), (c, d) \sim (e, f)$ mit $a, c, e \in \mathbf{Z}$ und $b, d, f \in \mathbf{Z}_0$. Das bedeutet $ad = bc, cf = de$, und Multiplikation liefert $(ad)(cf) = (bc)(de)$ oder $(af)(cd) = (be)(cd)$. Ist hierin neben d auch noch c von Null verschieden, so wird $af = be$ oder $(a, b) \sim (e, f)$. Für $c = 0$ aber folgt wegen $d \neq 0$ aus $ad = bc$ schon $a = 0$ und aus $de = cf$ entsprechend $e = 0$. Dann ist gewiß $af = be$, denn auf beiden Seiten dieser Gleichung steht Null. Wieder bekommen wir $(a, b) \sim (e, f)$, und das war zu zeigen.

Die einfachste Äquivalenzrelation ist offenbar die Gleichheit. Die folgenden Überlegungen gestatten es zum Schluß, auch äquivalente Elemente einer Menge M in einem noch zu erörternden Sinn als dieselben zu bezeichnen.

Definition: Eine *Partition* einer Menge $M \neq \mathbf{L}$ ist ein System P von paarweise disjunkten nicht leeren Teilmengen T von M mit $M = \bigcup_{T \in P} T$.

Die Menge M wird also einfach durch paarweise elementefremde nicht leere Teilmengen T von M voll ausgeschöpft, und die Menge aller dieser T ist die Partition P.

Jede Partition P von M erzeugt offenbar eine Äquivalenzrelation auf M: Für $x, y \in M$ gelte $x \sim y$ genau dann, wenn x und y in demselben $T \in P$ liegen.

Es gilt auch die Umkehrung, daß jede Äquivalenzrelation auf M eine Partition von M erzeugt. Es sei nämlich „$\sim$" eine Äquivalenzrelation auf M. Mit jedem $m \in M$ bilden wir die *Äquivalenzklasse*

$$K(m) = \{x: x \in M, x \sim m\}.$$

Dann gilt für je zwei Äquivalenzklassen $K(a), K(b)$ aus M entweder $K(a) \cap K(b) = \mathbf{L}$ oder $K(a) = K(b)$. Denn aus $c \in K(a) \cap K(b)$ folgt $a \sim c$ und $b \sim c$, also $a \sim b$, und das bedeutet die Übereinstimmung von K(a) und K(b). Wegen $m \in K(m)$ für jedes $m \in M$ ist $M = \bigcup_{m \in M} K(m)$, und aus der

Menge aller K(m) ergibt sich durch Streichung aller zusammenfallenden Äquivalenzklassen bis auf jeweils eine schließlich eine Partition P von M. Wir fassen die Ergebnisse zusammen.

Satz 1: Jede Partition $P = \{A, B, C, \ldots\}$ von M definiert genau eine Äquivalenzrelation auf M, für die die Mengen $A, B, C, \ldots \subset M$ die paarweise disjunkten Äquivalenzklassen von M sind. Jede Äquivalenzrelation auf M mit den paarweise disjunkten Äquivalenzklassen A, B, C, ... definiert genau eine Partition $P = \{A, B, C, \ldots\}$ von M.

Die Äquivalenz zweier Elemente a, b aus M bedeutet also dasselbe wie die Gleichheit der zugehörigen Äquivalenzklassen K(a), K(b) von M:

$$a \sim b \Leftrightarrow K(a) = K(b).$$

Ist K(a) eine Äquivalenzklasse von $M \neq \mathbf{L}$, so heißt jedes $x \in K(a)$ ein *Repräsentant* von K(a).

Für zwei kongruente Dreiecke a, b im Beispiel 1 gilt $a \sim b$ oder gleichwertig $K(a) = K(b)$, und genau in diesem Sinne ist dann die Sprechweise zu verstehen, a und b seien „gleich bis auf Verschiebungen und Spiegelungen".

(11.2) Wir gehen aus von einer Menge $S \neq \mathbf{L}$, auf der neben einer Äquivalenzrelation noch Verknüpfungen definiert sind. Es liegt nahe, solche Äquivalenzrelationen auszuzeichnen, die hinsichtlich der Verknüpfungen von S wie Gleichheiten behandelt werden dürfen.

Definition: Eine Äquivalenzrelation auf einer algebraischen Struktur S heißt *Kongruenzrelation* „≡", wenn für jede Verknüpfung ∘ von S und für alle $a, a', b, b' \in S$ gilt

$$[a \equiv a' \text{ und } b \equiv b'] \Rightarrow a \circ b \equiv a' \circ b'.$$

Beispielsweise ist eine Äquivalenzrelation auf einem Ring $R(+, \cdot)$ genau dann eine Kongruenzrelation „≡", wenn für alle $a, a', b, b' \in R$ gilt

$$[a \equiv a' \text{ und } b \equiv b'] \Rightarrow [a + b \equiv a' + b' \text{ und } ab \equiv a'b'].$$

Die in Beispiel 5 auf $\mathbf{Z}(+, \cdot)$ erklärte Äquivalenzrelation ist eine Kongruenzrelation. In § 7 wurde sie benötigt zur Definition der Addition und der Multiplikation auf dem Restklassenring $\mathbf{Z}_n(+, \cdot)$. Wir mußten dort nachsehen, daß die Verknüpfungsresultate $K(a) + K(b) =_{Df} K(a + b)$, $K(a)K(b) =_{Df} K(ab)$ zweier Restklassen K(a), K(b) aus der durch

$$a \sim b \Leftrightarrow n \mid (a - b) \quad (a, b \in \mathbf{Z})$$

erzeugten Partition $\mathbf{Z}_n$ von $\mathbf{Z}(+, \cdot)$ unabhängig von der Wahl der Repräsentanten waren, daß also „∼" eine Kongruenzrelation „≡" im Sinne der obigen Definition darstellt.

Über die Möglichkeit, in entsprechender Weise Verknüpfungen auf der durch eine Kongruenzrelation erzeugten Partition einer algebraischen Struktur einzuführen, gibt der folgende Satz Auskunft.

Satz 2: Es sei S eine algebraische Struktur mit endlich vielen Verknüpfungen und $\circ$ eine von ihnen. Ferner sei eine Äquivalenzrelation auf S gegeben, hinsichtlich der S in die paarweise disjunkten Äquivalenzklassen K(a), K(b), ... zerfällt. Genau dann wird durch

$$K(a) \bullet K(b) =_{Df} K(a \circ b)$$

eine Verknüpfung $\bullet$ auf der Partition $\{K(a), K(b), \ldots\}$ definiert, wenn die Äquivalenzrelation eine Kongruenzrelation bezüglich $\circ$ auf S ist.

Beweis: Die Äquivalenzrelation auf S sei sogar eine Kongruenzrelation „≡" auf $S(\circ)$, d. h., es gilt

$$[a \equiv a' \text{ und } b \equiv b'] \Rightarrow a \circ b \equiv a' \circ b' \quad (a, a', b, b' \in S).$$

Dann definiert die Beziehung $K(a) \bullet K(b) = K(a \circ b)$ eine Verknüpfung auf $\{K(a), K(b), \ldots\}$, denn aus $K(a) = K(a')$, $K(b) = K(b')$ folgt $a \equiv a'$, $b \equiv b'$, also $a \circ b \equiv a' \circ b'$ und weiter $K(a \circ b) = K(a' \circ b')$. Das Verknüpfungsresultat zweier Äquivalenzklassen ist also von der Wahl der Repräsentanten unabhängig.

Umgekehrt sei durch $K(a) \bullet K(b) = K(a \circ b)$ eine Verknüpfung auf $\{K(a), K(b), \ldots\}$ definiert. Aus $K(a) = K(a')$, $K(b) = K(b')$ folgt demnach $K(a \circ b) = K(a' \circ b')$, und das bedeutet für die der Partition zugrunde liegende Äquivalenzrelation „~" auf S

$$[a \sim a' \text{ und } b \sim b'] \Rightarrow a \circ b \sim a' \circ b'.$$

Also ist „~" wirklich eine Kongruenzrelation „≡" auf $S(\circ)$.

Dieser Satz zeigt, daß man mit den Äquivalenzklassen, die durch eine Kongruenzrelation aus einer algebraischen Struktur entstehen, so rechnen darf wie mit ihren Repräsentanten.

Wir greifen die Beispiele 6 und 7 auf.

Beispiel 6': Auf der Menge $M = \mathbf{N} \times \mathbf{N}$ sei durch

$$(a, b) + (c, d) =_{Df} (a + c, b + d) \quad (a, b, c, d \in \mathbf{N})$$

eine Addition erklärt. Dann ist die durch

$$(a, b) \equiv (c, d) \Leftrightarrow a + d = b + c$$

auf M definierte Äquivalenzrelation eine Kongruenzrelation auf M(+).

Nachzuweisen ist nur noch, daß aus $(a, b) \equiv (a', b')$ und $(c, d) \equiv (c', d')$ folgt: $(a, b) + (c, d) \equiv (a', b') + (c', d')$ oder $(a + c, b + d) \equiv (a' + c', b' + d')$. Gleichwertig umgeschrieben lautet diese Behauptung

$$[a + b' = a' + b \text{ und } c + d' = c' + d] \Rightarrow a + c + b' + d' = a' + c' + b + d,$$

und die Richtigkeit dieser Aussage ist evident.

Daß es sinnvoll ist, auf der Menge $\mathbf{N} \times \mathbf{N}$ eine Addition und eine Kongruenzrelation gerade in der oben angegebenen Weise zu definieren, zeigt die folgende Überlegung.

Die Menge $\mathbf{N}$ der natürlichen Zahlen $1, 2, 3, \ldots$ bildet mit der üblichen Addition eine *reguläre Halbgruppe,* d. h. eine Halbgruppe, in der die Kürzungsregel

$$a + c = b + c \Rightarrow a = b$$

für alle $a, b, c \in \mathbf{N}$ gilt. Ähnlich wie beim Übergang von $\mathbf{R}(+, \cdot)$ zu $\mathbf{C}(+, \cdot)$ in § 10 erweitern wir $\mathbf{N}(+)$ zur additiven Gruppe $\mathbf{Z}(+)$ der ganzen Zahlen, indem wir die Null und die negativen ganzen Zahlen hinzunehmen. Dies entspricht der Lösbarkeitsforderung von Gleichungen der Gestalt $a + x = b$ mit $a, b \in \mathbf{N}$.

Da wir zunächst nicht wissen, ob es einen Rechenbereich gibt, der $\mathbf{N}$ umfaßt und die Lösungen solcher Gleichungen enthält, versuchen wir mit Hilfe der Paarmengenbildung $\mathbf{N} \times \mathbf{N}$ eine naheliegende Konstruktion. Unter $(a, b) \in \mathbf{N} \times \mathbf{N}$ stellen wir uns die „Differenz $a - b$" vor und definieren auf $\mathbf{N} \times \mathbf{N}$ die in Beispiel 6′ notierte Addition. Da aber etwa die voneinander verschiedenen Paare $(1, 2), (2, 3), (3, 4), \ldots$ später ein und dasselbe Element, nämlich -1, ergeben sollen, ist die Einführung einer Klasseneinteilung auf $\mathbf{N} \times \mathbf{N}$ erforderlich. Wir nehmen sie vor durch die in Beispiel 6 erklärte Äquivalenzrelation. Etwa die zu konstruierende Zahl -1 stellt sich dann als die Äquivalenzklasse $K((1, 2))$ dar. Damit wir auf der durch die Äquivalenzrelation definierten Partition der Äquivalenzklassen wie gewünscht rechnen können, ist nachzuweisen, daß es sich sogar um eine Kongruenzrelation handelt. Dies ist in Beispiel 6′ geschehen.

Analog dient das nachstehende Beispiel 7′ dazu, die Konstruktion des Körpers $\mathbf{Q}(+, \cdot)$ der rationalen Zahlen aus dem Ring $\mathbf{Z}(+, \cdot)$ der ganzen Zahlen vorzubereiten. Hier haben wir uns unter einem Paar $(a, b) \in \mathbf{Z} \times \mathbf{Z}_0$ den „Quotienten $\frac{a}{b}$" vorzustellen.

Beispiel 7′: Auf der Menge $M = \mathbf{Z} \times \mathbf{Z}_0$ seien durch

$$(a, b) + (c, d) =_{Df} (ad + bc, bd),$$
$$(a, b) \cdot (c, d) =_{Df} (ac, bd)$$

eine Addition und eine Multiplikation erklärt. Dann ist die durch

$$(a, b) \equiv (c, d) \Leftrightarrow ad = bc$$

auf M definierte Äquivalenzrelation eine Kongruenzrelation auf $M(+, \cdot)$.

Wegen Beispiel 7 ist „≡" eine Äquivalenzrelation; zu zeigen bleibt daher noch

$$[(a, b) \equiv (a', b') \text{ und } (c, d) \equiv (c', d')] \Rightarrow$$
$$[(a, b) + (c, d) \equiv (a', b') + (c', d') \text{ und } (a, b) \cdot (c, d) \equiv (a', b') \cdot (c', d')]$$

oder gleichwertig

$$[ab' = a'b \text{ und } cd' = c'd] \Rightarrow$$
$$[(ad + bc)b'd' = (a'd' + b'c')bd \text{ und } ab'cd' = a'bc'd].$$

Dies ist aufgrund der im Ring $\mathbf{Z}(+, \cdot)$ gültigen Rechenregeln offenbar richtig.

Der genauen Durchführung der Konstruktion von $\mathbf{Z}(+)$ und $\mathbf{Q}(+, \cdot)$, die wir durch die Motivierung der beiden letzten Beispiele angedeutet haben, ist u. a. der § 12 gewidmet.

(11.3) Wir schließen mit einem Rückblick auf § 8.

Dort hatten wir Strecken des Raumes, die in Länge, Richtung und Orientierung übereinstimmen, nicht unterschieden und von „Gleichheit bis auf Parallelverschiebung" gesprochen.

Verwenden wir die oben eingeführte Terminologie, so erzeugt die im Beispiel 3 notierte Äquivalenzrelation auf der Menge M der orientierten Strecken des Raumes eine Partition V. Sie besteht aus den sämtlichen paarweise verschiedenen Äquivalenzklassen. Mit ihnen hatten wir genaugenommen in § 8 gerechnet. Sind beispielsweise K_1, K_2 zwei Klassen aus V, so haben wir ein $\mathfrak{a} \in K_1$ gewählt und ein $\mathfrak{b} \in K_2$, dessen Pfeilanfang mit der Pfeilspitze von $\mathfrak{a}$ zusammenfiel. Wir setzten dann $K_1 + K_2 = K_3$, wobei K_3 die Klasse desjenigen Pfeiles war, der vom Pfeilanfang von $\mathfrak{a}$ zur Pfeilspitze von $\mathfrak{b}$ führt, und wir haben bemerkt, daß diese Definition von der speziellen Auswahl der Repräsentanten nicht abhängt. Entsprechend verfuhren wir bei der Definition von cK $(c \in \mathbf{R}, K \in V)$, und beim skalaren und vektoriellen Produkt verhält es sich analog. Weil es unbequem ist, ständig die Klassensymbole mitzuführen, haben wir sie weggelassen und etwa statt $K(\mathfrak{a}) + K(\mathfrak{b})$ einfach $\mathfrak{a} + \mathfrak{b}$ geschrieben, und $\mathfrak{a} = \mathfrak{b}$ bedeutet dann „Gleichheit bis auf Parallelverschiebung". In § 8 zeigte es sich sehr deutlich, wie zweckmäßig gerade dieser Äquivalenzbegriff ist, weil man auch hier in Analogie zu (11.2) mit den Klassen rechnen kann.

§ 12 Der Zahlbegriff

(12.1) Ausgehend von der Menge **N** der natürlichen Zahlen konstruieren wir schrittweise die Mengen **Z, Q, R** und versehen sie mit Verknüpfungen. Zusammen mit der Konstruktion von **C**(+, ·) in (10.4) erhalten wir am Schluß die Begründung für die Richtigkeit unseres gewohnten Rechnens in diesen Zahlensystemen.

Die Menge **N** der natürlichen Zahlen charakterisieren wir durch das *Peanosche Axiomensystem*:

(1) $1 \in \mathbf{N}$;
(2) zu jedem $n \in \mathbf{N}$ gibt es genau ein als Nachfolger bezeichnetes $n^* \in \mathbf{N}$;
(3) es gibt kein $n \in \mathbf{N}$ mit $n^* = 1$;
(4) aus $n^* = m^*$ folgt $n = m$;
(5) ist T eine Teilmenge von **N** mit den beiden Eigenschaften $1 \in T$ und $[t \in T \Rightarrow t^* \in T]$, so ist $T = \mathbf{N}$.

Nach unserer Vorstellung vom Zählprozeß bildet die Menge der natürlichen Zahlen eine nicht abbrechende Punktreihe, etwa von links nach rechts gelesen:

o o o o o . . .

Wir sehen nach, ob die aufgeführten Axiome diesem Bild entsprechen. Zunächst besagt (1), daß die Gesamtheit der Punkte nicht leer ist; jedenfalls einen durch das Symbol „1" gekennzeichneten Punkt gibt es. Dem Axiom (2) entnehmen wir, daß jeder Punkt eindeutig einen nachfolgenden Punkt bestimmt. Deuten wir die Nachfolgeeigenschaft durch einen Pfeil an, so ist eine Verzweigung

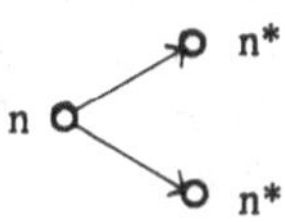

in (2) verboten. Noch ist es aber denkbar, daß „1" das einzige Element von **N**, also sein eigener Nachfolger ist. Das wird durch (3) ausgeschlossen. Wir haben es mit wenigstens zwei Punkten zu tun, und „1" besitzt keinen Vorgänger. Weiter werden Diagramme der Gestalt

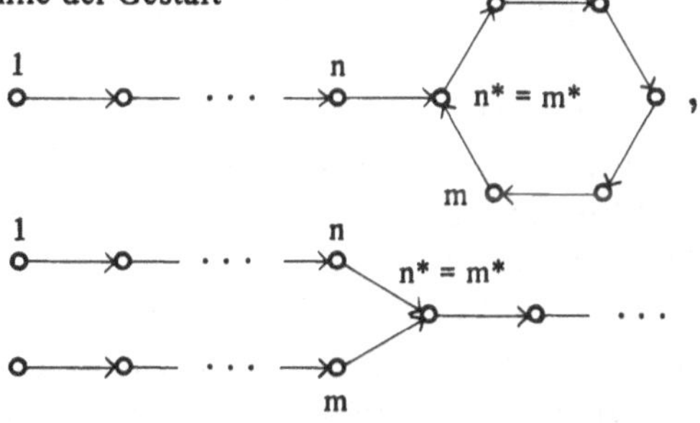

durch (4) ausgeschlossen: jeder Punkt hat höchstens einen Vorgänger. Also bricht die mit „1" begonnene Kette nicht ab, und sie verzweigt sich nicht. Daß sie notwendig alle Punkte von **N** enthält, sichert erst das Axiom (5); es schaltet das Bestehen mehrerer Ketten oder Zyklen, also etwa die Diagramme

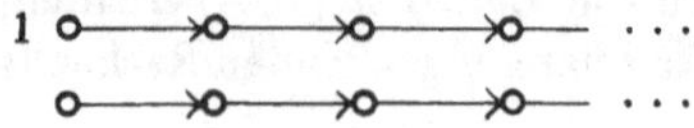

oder

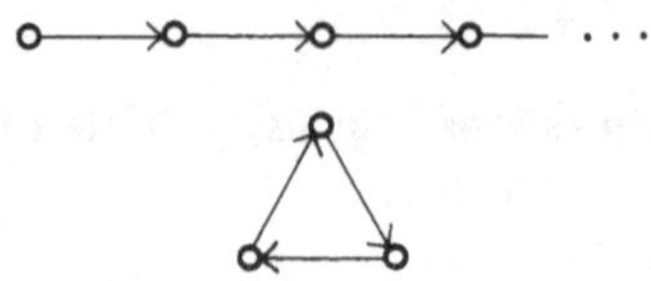

oder

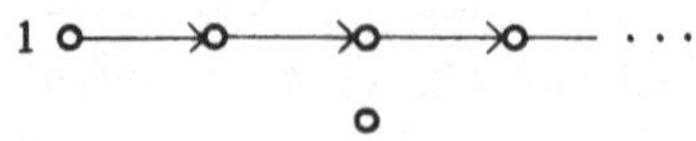

aus. Wir bemerken, daß das Beweisprinzip der vollständigen Induktion (vgl. § 3) durch das *Induktionsaxiom* (5) begründet ist.

Zur Erläuterung des Umgangs mit einem solchen Axiomensystem beweisen wir die Aussage: Für jedes $n \in \mathbf{N}$ ist $n \neq n^*$. Im Anschluß an die eben durchgeführte Veranschaulichung der Axiome (1) bis (5) ist es klar, daß das Axiom (5) wesentlich in den Beweis eingehen muß. Wir betrachten dazu die Menge $T = \{n: n \in \mathbf{N}, n \neq n^*\}$ und zeigen $T = \mathbf{N}$. Zunächst ist $1 \in T$ nach Axiom (3). Sodann folgt aus $t \in T$ nach Definition von T sofort $t \neq t^*$. Also ist auch $t^* \neq (t^*)^*$, denn andernfalls wäre nach Axiom (4) ja schon $t = t^*$ entgegen der Voraussetzung $t \neq t^*$. Damit ist $[t \in T \Rightarrow t^* \in T]$ nachgewiesen, und Axiom (5) liefert $T = \mathbf{N}$, wie behauptet.

Auf **N** lassen sich nun eine Addition und eine Multiplikation durch

(6) $$n + 1 = n^*, \quad n + m^* = (n + m)^*$$

und

(7) $$n \cdot 1 = n, \quad n \cdot m^* = n \cdot m + n$$

(wobei wie üblich die Multiplikation stärker binden soll als die Addition) induktiv definieren. Wir verzichten auf die Durchführung des Beweises, daß durch (6) und (7) wirklich Verknüpfungen auf **N** erklärt sind, und verweisen auf das Buch „Grundlagen der Analysis" von *E. Landau* (1877–1938).

In der so erhaltenen algebraischen Struktur $\mathbf{N}(+, \cdot)$ sind beide Operationen assoziativ und kommutativ; es gelten die Distributivgesetze und die Kürzungsregeln

(8) $x + n = y + n \Rightarrow x = y,$

(9) $x \cdot n = y \cdot n \Rightarrow x = y,$

$n, x, y \in \mathbf{N}$. Der Nachweis jeder dieser Eigenschaften ist eine leichte Anwendung des Induktionsaxioms.

(12.2) Aus $\mathbf{N}(+, \cdot)$ gewinnen wir den Ring $\mathbf{Z}(+, \cdot)$ der ganzen Zahlen. Zunächst konstruieren wir aus der regulären Halbgruppe $\mathbf{N}(+)$ die additive Gruppe $\mathbf{Z}(+)$.

Das Paarmengenaxiom (vgl. (10.4)) sichert die Existenz der Menge $\mathbf{N} \times \mathbf{N} \neq \mathbf{L}$. Dem Beispiel 6 aus § 11 entnehmen wir, daß durch

$$(a, b) \sim (c, d) \Leftrightarrow a + d = b + c \quad (a, b, c, d \in \mathbf{N})$$

eine Äquivalenzrelation auf $\mathbf{N} \times \mathbf{N}$ definiert ist. Diese erzeugt nach Satz 1 aus § 11 eine Partition A von $\mathbf{N} \times \mathbf{N}$, die aus den sämtlichen paarweise voneinander verschiedenen Äquivalenzklassen $K((a, b)) =_{Df} [a, b]$ besteht. Da nach Beispiel 6' aus § 11 die Äquivalenzrelation „~" hinsichtlich der durch

$$(a, b) + (c, d) =_{Df} (a + c, b + d)$$

auf $\mathbf{N} \times \mathbf{N}$ erklärten Addition sogar eine Kongruenzrelation „≡" ist, dürfen wir nach Satz 2 aus § 11 mit den Äquivalenzklassen $[a, b]$ so rechnen wie mit den Repräsentanten. Durch

$$[a, b] + [c, d] =_{Df} [a + c, b + d]$$

ist also auf A eine Addition festgelegt.

Wir zeigen nun: A(+) ist eine abelsche Gruppe. Wegen der Assoziativität und der Kommutativität der Addition in $\mathbf{N}(+)$ ist auch die Addition in A assoziativ und kommutativ; sie ist ja komponentenweise auf die Addition in $\mathbf{N}(+)$ zurückgeführt. Da für alle $a, x, y \in \mathbf{N}$ die Gleichung $(a + x) + y = (a + y) + x$ richtig ist, folgt $(a + x, a + y) \equiv (x, y)$ in $\mathbf{N} \times \mathbf{N}$ oder gleichwertig $[a + x, a + y] = [x, y]$ in A. Damit stellen wir fest, daß $[1, 1]$ Nullelement in A ist; denn es gilt $[a, b] + [1, 1] = [a + 1, b + 1] = [a, b]$. Wegen $[a, b] + [b, a] = [a + b, a + b] = [1, 1]$ ist $[b, a] \in A$ das additive Inverse $-[a, b]$ zu $[a, b] \in A$. Die behauptete Gruppeneigenschaft von A(+) ist nachgeprüft.

Schließlich ändern wir die Schreibweise der Elemente aus A ab und betrachten dazu die Teilstruktur $T = \{[a + 1, 1]: a \in \mathbf{N}\}$ von A. Wegen $[a + 1, 1] + [b + 1, 1] = [(a + b + 1) + 1, 1 + 1] = [(a + b) + 1, 1]$ führt die Addition nicht aus T heraus; es handelt sich wirklich um eine Teilstruktur. Die Abbildung $f: \mathbf{N} \to T$ mit $f(a) = [a + 1, 1], a \in \mathbf{N}$, ist bijektiv, denn $f(a) = f(b)$ führt auf $(a + 1, 1) \equiv (b + 1, 1)$ oder $a = b$, und wegen $f(a + b) = [a + b + 1, 1] = [a + 1, 1] + [b + 1, 1] = f(a) + f(b)$ ist sie relationstreu, d. h., in T(+) rechnet man genauso wie in $\mathbf{N}(+)$. Ein beliebiges Element $[a, b] \in A$ hat die Gestalt

$$\begin{aligned}[a, b] &= [a+1, 1] + [1, b+1] \\ &= [a+1, 1] + (-[b+1, 1]) \\ &=_{Df} [a+1, 1] - [b+1, 1].\end{aligned}$$

Ersetzen wir hierin die Elemente aus T durch die entsprechenden Elemente aus $\mathbf{N}$, so geht $[a, b]$ über in $a - b$. Statt $[1, 1]$ schreiben wir 0.

Die durch diese Änderung der Schreibweise aus $A(+)$ erhaltene Gruppe nennen wir $\mathbf{Z}(+)$; sie umfaßt $\mathbf{N}(+)$ und besitzt die gewünschten Eigenschaften: In $\mathbf{Z}(+)$ besitzt jede Gleichung der Gestalt $a + x = b$ mit $a, b \in \mathbf{Z}$ genau eine Lösung x, und es gilt entweder $x \in \mathbf{N}$ oder $x = 0$ oder $-x \in \mathbf{N}$. Andere Elemente enthält $\mathbf{Z}$ nicht. Die additive Gruppe $\mathbf{Z}(+)$ der ganzen Zahlen ist konstruiert.

Wir erklären auf $\mathbf{Z}(+)$ noch eine Multiplikation derart, daß sie auf der Teilmenge $\mathbf{N} \subset \mathbf{Z}$ mit der dort nach (12.1) schon vorhandenen Multiplikation übereinstimmt und $\mathbf{Z}(+, \cdot)$ ein Ring wird. Wenn diese Forderungen überhaupt erfüllbar sind, so nach den Ringrechenregeln nur auf eine Weise:

$$ab =_{Df} \begin{cases} ab & \text{für } a, b \in \mathbf{N}, \\ -((-a)b) & \text{für } -a, b \in \mathbf{N}, \\ -(a(-b)) & \text{für } a, -b \in \mathbf{N}, \\ (-a)(-b) & \text{für } -a, -b \in \mathbf{N}, \\ 0 & \text{für } a = 0 \text{ oder } b = 0. \end{cases}$$

Hierdurch ist eine Multiplikation auf $\mathbf{Z}$ definiert, denn jedem Paar (a, b) von Elementen $a, b \in \mathbf{Z}$ wird eindeutig ein Produkt $ab \in \mathbf{Z}$ zugeordnet. Da $\mathbf{N}(\cdot)$ eine Teilstruktur von $\mathbf{Z}(\cdot)$ ist und die Multiplikation zweier von Null verschiedener Elemente aus $\mathbf{Z}$ auf die Multiplikation in $\mathbf{N}$ zurückgeführt ist, übertragen sich Assoziativität und Kommutativität. Ferner gelten in $\mathbf{Z}(+, \cdot)$ die Distributivgesetze, von denen wegen der Kommutativität der Multiplikation nur eines, etwa $a(b + c) = ab + ac$ für $a, b, c \in \mathbf{Z}$, nachzuprüfen bleibt. Hier sind einige einfache Fallunterscheidungen vorzunehmen. Man stellt fest, daß im wesentlichen $a(b + c) = ab + ac$ für $a \in \mathbf{N}, b + c \in \mathbf{N}, b \in \mathbf{N}, -c \in \mathbf{N}$ zu zeigen ist. Gleichwertig ist $a(b + c) + a(-c) = ab + ac + a(-c) = ab$, und das ist richtig, weil man links das in $\mathbf{N}(+, \cdot)$ gültige Distributivgesetz anwenden darf.

Die Eins aus $\mathbf{N}(+, \cdot)$ ist ferner die Eins im Ring $\mathbf{Z}(+, \cdot)$, und wegen $0 \notin \mathbf{N}$, also $ab \neq 0$ für alle $a, b \in \mathbf{N}$, enthält auch $\mathbf{Z}(+, \cdot)$ keine Nullteiler.

Damit ist die Konstruktion des Ringes $\mathbf{Z}(+, \cdot)$ der ganzen Zahlen abgeschlossen; er ist ein Integritätsbereich mit Eins.

(12.3) Nun verlangen wir die Umkehrbarkeit der Multiplikation, also die Auflösbarkeit von Gleichungen der Gestalt $ax = b$ mit $a, b \in \mathbf{Z}, a \neq 0$. Dies läuft auf die Konstruktion des Körpers $\mathbf{Q}(+, \cdot)$ der rationalen Zahlen hinaus.

Es existiert die Menge $\mathbf{Z} \times \mathbf{Z}_0 \neq \mathbf{L}$; durch die Äquivalenzrelation

$$(a, b) \sim (c, d) \Leftrightarrow ad = bc \quad (a, c \in \mathbf{Z}; b, d \in \mathbf{Z}_0)$$

(vgl. Beispiel 7 aus § 11) zerfällt $\mathbf{Z} \times \mathbf{Z}_0$ in Äquivalenzklassen $K((a, b)) =_{Df} [a, b]$. Auf $\mathbf{Z} \times \mathbf{Z}_0$ erklären wir eine Multiplikation und eine Addition durch

$$(a, b) + (c, d) =_{Df} (ad + bc, bd),$$
$$(a, b) \cdot (c, d) =_{Df} (ac, bd).$$

Wegen der Nullteilerfreiheit von $\mathbf{Z}$ und $b, d \in \mathbf{Z}_0$ liegt auch bd in $\mathbf{Z}_0$, und es handelt sich wirklich um Verknüpfungen auf $\mathbf{Z} \times \mathbf{Z}_0$. Da die Äquivalenzrelation „$\sim$" auf $\mathbf{Z} \times \mathbf{Z}_0$ sogar eine Kongruenzrelation „$\equiv$" auf $\mathbf{Z} \times \mathbf{Z}_0(+, \cdot)$ ist (vgl. Beispiel 7' aus § 11), werden durch

$$[a, b] + [c, d] =_{Df} [ad + bc, bd],$$
$$[a, b] \cdot [c, d] =_{Df} [ac, bd]$$

eine Addition und eine Multiplikation auf der durch „$\equiv$" erzeugten Partition A von $\mathbf{Z} \times \mathbf{Z}_0$ definiert.

Wir zeigen, daß $A(+, \cdot)$ ein Körper ist. Die dazu erforderlichen Rechnungen können wir vereinfachen, indem wir $(a, b) \equiv (ax, bx)$ für $x \in \mathbf{Z}_0$, also $[a, b] = [ax, bx]$, beachten. Demnach dürfen wir „erweitern" und „kürzen", und es genügt, alle Körperrechenregeln für Klassen mit denselben von Null verschiedenen zweiten Komponenten nachzuweisen. Die Assoziativität der Addition folgt aus

$$[a, d] + ([b, d] + [c, d]) = [a, d] + [b + c, d] = [a + (b + c), d]$$
$$= [(a + b) + c, d] = [a + b, d] + [c, d] = ([a, d] + [b, d]) + [c, d].$$

Dies liegt offenbar an der Assoziativität der Addition in $\mathbf{Z}(+, \cdot)$; entsprechend ergibt sich die Kommutativität der Addition in $A(+, \cdot)$, denn die Addition in $\mathbf{Z}(+, \cdot)$ ist kommutativ. Weiter ist $[0, 1] \in A$ Nullelement in $A(+, \cdot)$ und $[-a, d] \in A$ additives Inverses von $[a, d] \in A$: Es ist $[a, d] + [-a, d] = [0, d^2] = [0, 1]$, letzteres wegen $(0, d^2) \equiv (0, 1)$. Hinsichtlich der Addition ist $A(+, \cdot)$ also eine abelsche Gruppe. Die Assoziativität und die Kommutativität der Multiplikation erhalten wir durch

$$[a, d]([b, d][c, d]) = [a, d][bc, dd] = [a(bc), d(dd)]$$
$$= [(ab)c, (dd)d] = [ab, dd][c, d] = ([a, d][b, d])[c, d]$$

und

$$[a, d][b, d] = [ab, dd] = [ba, dd] = [b, d][a, d].$$

Es ist $[1, 1] \in A$ Einselement in $A(+, \cdot)$, und als multiplikatives Inverses von $[a, d] \in A, [a, d] \neq [0, 1]$, d. h. $a \neq 0$, ergibt sich das Element $[d, a] \in A$.

Schließlich gelten die Distributivgesetze in $A(+,\cdot)$; nur eines von ihnen ist nachzuweisen:

$$[a, d]([b, d]+[c, d]) = [a, d][b+c, d] = [a(b+c), dd]$$
$$= [ab+ac, dd] = [ab, dd]+[ac, dd] = [a, d][b, d]+[a, d][c, d].$$

In dem so gewonnenen Körper $A(+,\cdot)$ ändern wir die Schreibweise seiner Elemente ab. Dazu betrachten wir die Teilmenge $T = \{[a, 1]: a \in \mathbf{Z}\}$ von A. Wegen $[a, 1]+[b, 1] = [a+b, 1] \in T$ und $[a, 1][b, 1] = [ab, 1] \in T$ ist $T(+,\cdot)$ eine Teilstruktur von $A(+,\cdot)$. Die Abbildung $f: \mathbf{Z} \to T$ mit $f(a) = [a, 1]$ ist ersichtlich bijektiv und bezüglich beider Verknüpfungen relationstreu, d. h., $\mathbf{Z}(+,\cdot)$ und $T(+,\cdot)$ sind isomorph. Jedes Element $[a, b]$ aus A gestattet die Darstellung

$$[a, b] = [a, 1][1, b],$$

und darin ist $[1, b]$ das multiplikative Inverse $[b, 1]^{-1}$ von $[b, 1] \in T$. Ersetzen wir nun jedes Element $[a, 1]$ aus T durch $a \in \mathbf{Z}$, so geht $[a, b] \in A$ über in $ab^{-1} =_{Df} \frac{a}{b}$, und den durch diese Änderung der Schreibweise aus $A(+,\cdot)$ entstandenen Körper nennen wir $\mathbf{Q}(+,\cdot)$. Er besteht aus allen „Brüchen" $\frac{a}{b}$ mit $a \in \mathbf{Z}, b \in \mathbf{Z}_0$ und umfaßt insbesondere den Ring $\mathbf{Z}(+,\cdot)$.

Wir haben den Körper $\mathbf{Q}(+,\cdot)$ der rationalen Zahlen konstruiert.

(12.4) Etwa im Ring $\mathbf{Z}(+,\cdot)$ der ganzen Zahlen oder im Körper $\mathbf{Q}(+,\cdot)$ der rationalen Zahlen, die wir bisher konstruiert haben, hat es einen Sinn zu sagen, eine Zahl sei größer als Null oder positiv. Wir hatten dies in § 5 aus unserer Anschauung begründet; unabhängig davon geben wir die folgende abstrakte Definition, die die Rechtfertigung unseres anschaulichen Vorgehens gestattet.

Definition: Ein vom Nullring verschiedener Ring $R(+,\cdot)$ heißt *angeordnet*, wenn in ihm eine Relation $>$ (größer) mit folgenden Eigenschaften erklärt ist.

(1) Für jedes $a \in R$ trifft genau eine der Beziehungen $a > 0, a = 0, -a > 0$ zu.

(2) Aus $a > 0, b > 0$ folgt $a+b > 0$ und $ab > 0$.

Es sei $a \in R$ von Null verschieden; gilt $a > 0$, so heißt a *positiv*, andernfalls *negativ*.

Damit sind die Elemente eines angeordneten Ringes $R(+,\cdot)$ in drei Klassen eingeteilt, den Positivbereich P, die Null und den Negativbereich N, und jede Anordnung von $R(+,\cdot)$ liegt fest, wenn der Positivbereich P bestimmt ist.

Wir notieren einige Eigenschaften angeordneter Ringe.

Jeder angeordnete Ring $R(+,\cdot)$ ist nullteilerfrei. Sind nämlich $a, b \in R$ von Null verschieden, so ist eines der Produkte $ab = (-a)(-b)$ oder $-ab = (-a)b = a(-b)$ positiv und ab jedenfalls von Null verschieden.

Jeder angeordnete Ring $R(+, \cdot)$ ist unendlich. Denn in R gibt es ein Element $a > 0$, und wegen (2) sind alle durch sukzessive Addition gewonnenen Ringelemente $na = a + a + \ldots + a$ (n Summanden a; $n \in \mathbf{N}$) positiv. Sie sind auch paarweise voneinander verschieden. Wäre nämlich $ra = sa$ und etwa $s = r + n$ mit natürlichen Zahlen r, s, n, so würde nach den Ringrechenregeln $na = 0$ folgen im Widerspruch zu $na > 0$.

In einem angeordneten Ring $R(+, \cdot)$ ist das Quadrat eines jeden von Null verschiedenen Elements positiv. Denn aus $a > 0$ oder $-a > 0$ folgt nach (2) und den Ringrechenregeln stets $a^2 > 0$. Besitzt $R(+, \cdot)$ eine Eins, so gilt speziell $1 = 1^2 > 0$.

Diese Überlegungen ermöglichen sofort die Angabe von Ringen, die sich nicht anordnen lassen, beispielsweise sämtliche Restklassenringe $\mathbf{Z}_n(+, \cdot)$, $n \in \mathbf{N}$, $n \neq 1$, denn sie sind endlich. Auch der komplexe Zahlkörper $\mathbf{C}(+, \cdot)$ gestattet keine Anordnung, da sonst sowohl $1 > 0$ als auch $i^2 = -1 > 0$ wäre im Widerspruch zu (1).

Dagegen können wir $\mathbf{Z}(+, \cdot)$ und $\mathbf{Q}(+, \cdot)$ wie folgt anordnen. Es sei $n \in \mathbf{Z}$ positiv genau dann, wenn $n \in \mathbf{N}$ gilt. Mit dieser Festsetzung wird $\mathbf{Z}(+, \cdot)$ wirklich angeordnet, denn $\mathbf{N}(+, \cdot)$ ist eine Teilstruktur von $\mathbf{Z}(+, \cdot)$. Weiter sehen wir, daß dies die einzig mögliche Anordnung von $\mathbf{Z}(+, \cdot)$ ist, denn aus $1 > 0$ folgt nach (2) notwendig die Positivität von $n \cdot 1 = n \in \mathbf{N}$.

Da $\mathbf{Z}(+, \cdot)$ eine Teilstruktur von $\mathbf{Q}(+, \cdot)$ ist, erscheint es sinnvoll, eine Anordnung von $\mathbf{Q}(+, \cdot)$ zu wählen, die mit der in $\mathbf{Z}(+, \cdot)$ vorhandenen übereinstimmt. Wenn dies überhaupt möglich ist, so müssen wir $\frac{a}{b} \in \mathbf{Q}$ ($a, b \in \mathbf{Z}_0$) genau dann als positiv erklären, wenn $\frac{a}{b} b^2 = ab > 0$ in $\mathbf{Z}(+, \cdot)$ gilt. Durch $\frac{a}{b} > 0 \Leftrightarrow ab > 0$ ($a, b \in \mathbf{Z}_0$) wird $\mathbf{Q}(+, \cdot)$ wirklich angeordnet. Zunächst folgt aus $\frac{a}{b} = \frac{c}{d}$ sofort $ad = bc$, also $abd^2 = b^2cd$ und damit aus $ab > 0$ oder $\frac{a}{b} > 0$ auch $cd > 0$ oder $\frac{c}{d} > 0$. Die angegebene Vorschrift ist eine Definition. Sie legt den Positivbereich fest, und aus $\frac{a}{c} > 0$, $\frac{b}{c} > 0$ folgt, indem man gleich $c > 0$ annimmt, $\frac{a}{c} + \frac{b}{c} = \frac{a+b}{c} > 0$ und $\frac{a}{c} \cdot \frac{b}{c} > 0$, also (2).

Es ist zweckmäßig, zwei beliebige Elemente a, b eines angeordneten Ringes $R(+, \cdot)$ miteinander vergleichen zu können. Dazu setzen wir $a > b \Leftrightarrow a - b > 0$ fest, und statt $a > b$ schreiben wir auch $b < a$. Ebenso sollen $a \geqslant b$ oder $b \leqslant a$ gleichbedeutend mit [$a > b$ oder $a = b$] sein. Dann gelten die Regeln (1) bis (5) aus § 5 allgemein in angeordneten Ringen bzw. Körpern.

Die auf $\mathbf{Z}(+, \cdot)$ und $\mathbf{Q}(+, \cdot)$ erklärten Anordnungen zeichnen sich durch eine weitere Eigenschaft aus. Sind nämlich a, b Elemente aus $\mathbf{Z}$ oder $\mathbf{Q}$ mit $0 < a < b$ so gibt es stets ein $n \in \mathbf{N}$ derart, daß $na > b$ wird. Der Nachweis läuft darauf hinaus zu zeigen, daß jede natürliche Zahl n durch eine geeignete

Summe von Einsen übertroffen wird, und dies ist wegen $n^* \cdot 1 = n + 1 > n$ evident.

Definition: Ein angeordneter Ring $R(+, \cdot)$ heißt *archimedisch angeordnet*, wenn es zu je zwei Elementen a, b aus R mit $0 < a < b$ ein $n \in \mathbf{N}$ mit $b < na$ gibt.

Die Ringe $\mathbf{Z}(+, \cdot)$ und $\mathbf{Q}(+, \cdot)$ sind, wie wir eben festgestellt haben, archimedisch angeordnet.

Daß nicht jeder angeordnete Ring diese Eigenschaft besitzt, entnehmen wir dem nachstehenden Beispiel. Es seien auf der Menge F aller Polynome $f: \mathbf{Q} \to \mathbf{Q}$ mit $f(x) = a_n x^n + a_{n-1} x^{n-1} + \ldots + a_0, a_\nu \in \mathbf{Q}, n \geqslant 0$, eine Summe $f + g \in F$ und ein Produkt $fg \in F$ durch $(f + g)(x) =_{Df} f(x) + g(x)$ bzw. $(fg)(x) =_{Df} f(x)g(x)$ für alle $x \in \mathbf{Q}$ erklärt. Ferner werde ein vom Nullpolynom o verschiedenes $f \in F$ positiv genannt, wenn sein höchster nicht verschwindender Koeffizient a_n in $\mathbf{Q}(+, \cdot)$ positiv ist. Es ist leicht zu erkennen, daß dann $F(+, \cdot)$ ein durch $>$ angeordneter Ring ist. In ihm sind die durch $a(x) = 1, b(x) = x$ definierten Abbildungen a, b positiv, aber es ist $b - na > o$, also $b > na$ für jedes $n \in \mathbf{N}$.

(12.5) Es bleibt noch die Existenz des reellen Zahlkörpers $\mathbf{R}(+, \cdot)$ nachzuweisen. Der anschauliche Hintergrund der nun durchzuführenden Konstruktion von $\mathbf{R}(+, \cdot)$ aus $\mathbf{Q}(+, \cdot)$ besteht etwa in folgendem: Jedem Punkt einer gegebenen Geraden wollen wir umkehrbar eindeutig eine Zahl zuordnen. Die zu den rationalen Zahlen gehörenden Punkte seien schon gemäß der in $\mathbf{Q}(+, \cdot)$ erklärten Anordnung markiert; beispielsweise die Zahlen $\frac{a}{10^n}$, $a \in \mathbf{Z}$, erzeugen auf der Geraden ein äquidistantes Raster, das um so feiner ausfällt, je größer die natürliche Zahl n gewählt wird. Es ist klar, daß in beliebiger Nachbarschaft irgendeines Punktes der Geraden solche „rationalen" Punkte vorkommen. Daher werden wir versuchen, jeden Punkt der Geraden durch Folgen „rationaler" Punkte zu charakterisieren, die ihm beliebig nahe kommen. Dies entspricht auch der anfangs abgegebenen Erklärung, eine reelle Zahl sei ein unendlicher Dezimalbruch. Wir haben die Vorstellung, etwa einen mit $(\sqrt{2} =)\ 1{,}4142\ldots$ beginnenden Dezimalbruch aus einer Folge $1, \frac{14}{10}, \frac{141}{100}, \frac{1414}{1000}, \frac{14142}{10000}, \ldots$ von rationalen Zahlen zu gewinnen.

Die Möglichkeit, Mengen solcher Folgen zu bilden, verlangen wir axiomatisch: Ist M eine Menge, so existiert die Menge $M^\infty =_{Df} \{(m_1, m_2, m_3, \ldots): m_i \in M\}$ aller nicht abbrechenden Folgen mit Komponenten aus M. Hierin wählen wir $M = \mathbf{Q}$ und geben die

Definition: Eine Folge $(q_1, q_2, q_3, \ldots)$ aus $\mathbf{Q}^\infty$ heißt *Cauchy-Folge*, wenn zu jedem positiven $\epsilon \in \mathbf{Q}$ ein Index $N(\epsilon)$ existiert mit $|q_m - q_n| < \epsilon$ für alle $m, n \geqslant N(\epsilon)$. Eine Folge $(q_1, q_2, q_3, \ldots)$ aus $\mathbf{Q}^\infty$ heißt *Nullfolge*, wenn zu jedem positiven $\epsilon \in \mathbb{Q}$ ein Index $N_0(\epsilon)$ existiert mit $|q_n| < \epsilon$ für alle $n \geqslant N_0(\epsilon)$.

Eine Cauchy-Folge aus $\mathbb{Q}^\infty$ ist demnach eine Folge rationaler Zahlen mit folgender Eigenschaft. Für jedes $\epsilon \in \mathbb{Q}, \epsilon > 0$, unterscheiden sich *fast alle* (d. h. alle bis auf endlich viele) Glieder der Folge um weniger als ϵ.

Eine vorgelegte Cauchy-Folge $(q_1, q_2, q_3, \ldots)$ ist *beschränkt*, d. h., es gibt ein $q \in \mathbb{Q}$ mit $|q_n| < q$ für alle $n \in \mathbb{N}$. Zum Nachweis sei $\epsilon = 1$; dann gilt für alle $m, n \geqslant N(1) =_{Df} N$ die Ungleichung $|q_m - q_n| < 1$. Speziell wird $|q_n - q_N| < 1$ und daher $|q_n| = |q_n - q_N + q_N| \leqslant |q_n - q_N| + |q_N| < 1 + |q_N|$ für alle $n \geqslant N$. Nun wählen wir ein $q \in \mathbb{Q}$, das etwa gleich der größten der Zahlen $1 + |q_1|$, $1 + |q_2|, \ldots, 1 + |q_N|$ ist. Es erfüllt die Behauptung.

Jede Nullfolge $(q_1, q_2, q_3, \ldots)$ ist eine Cauchy-Folge, denn zu jedem $\epsilon \in \mathbb{Q}$, $\epsilon > 0$, gibt es einen Index $N(\epsilon) =_{Df} N_0(\frac{\epsilon}{2})$, so daß $|q_n| < \frac{\epsilon}{2}$ für alle $n \geqslant N(\epsilon)$ gilt. Daraus folgt mit der Dreiecksungleichung sofort $|q_m - q_n| \leqslant |q_m| + |q_n| < \frac{\epsilon}{2} + \frac{\epsilon}{2} = \epsilon$ für alle $m, n \geqslant N(\epsilon)$.

Die Menge der Cauchy-Folgen aus $\mathbb{Q}^\infty$ sei C.

Nach unseren Vorbetrachtungen dürfen wir hoffen, aus der Menge C die reellen Zahlen zu bekommen. Da sich beispielsweise die Glieder $q_n = 2$ und $q_n' = 2 - \frac{1}{n}$ der Cauchy-Folgen $(2, 2, 2, \ldots)$ bzw. $(2 - 1, 2 - \frac{1}{2}, 2 - \frac{1}{3}, \ldots)$ beliebig nahe kommen, wenn nur der Index n genügend groß gewählt ist, wird es vernünftig sein, beide Folgen später nicht zu unterscheiden, sie also als Repräsentanten ein und derselben Zahl (nämlich der Zahl 2) anzusehen. Dies führt zu der Erklärung, zwei Cauchy-Folgen seien äquivalent, wenn sie sich nur durch eine Nullfolge unterscheiden, genauer:

$(q_1, q_2, q_3, \ldots) \sim (q_1', q_2', q_3', \ldots) \Leftrightarrow (q_1 - q_1', q_2 - q_2', q_3 - q_3', \ldots)$ ist Nullfolge.

Da mit q_n und q_n' alle Differenzen $q_n - q_n'$ in $\mathbb{Q}$ liegen, ist hierdurch eine Relation auf C erklärt. Es handelt sich um eine Äquivalenzrelation: Weil $(0, 0, 0, \ldots) \in C$ trivialerweise eine Nullfolge ist, ist $\sim$ reflexiv. Mit $(q_1 - q_1', q_2 - q_2', q_3 - q_3', \ldots)$ ist auch $(q_1' - q_1, q_2' - q_2, q_3' - q_3, \ldots)$ eine Nullfolge, und das bedeutet die Symmetrie von $\sim$. Zum Nachweis der Transitivität von $\sim$ gelte $(q_1, q_2, q_3, \ldots) \sim (q_1', q_2', q_3', \ldots)$, $(q_1', q_2', q_3', \ldots) \sim (q_1'', q_2'', q_3'', \ldots)$. Dann ist wegen $|q_n - q_n''| = |q_n - q_n' + q_n' - q_n''| \leqslant |q_n - q_n'| + |q_n' - q_n''|$ von einer Stelle $N(\epsilon)$ an die rechte Seite kleiner als $\frac{\epsilon}{2} + \frac{\epsilon}{2} = \epsilon$, also auch die linke Seite. Folglich ist $(q_1 - q_1'', q_2 - q_2'', q_3 - q_3'', \ldots)$ eine Nullfolge, und wir erhalten $(q_1, q_2, q_3, \ldots) \sim (q_1'', q_2'', q_3'', \ldots)$, wie gewünscht. Hinsichtlich der Äquivalenzrelation $\sim$ auf C zerfällt C in Äquivalenzklassen $[q_1, q_2, q_3, \ldots]$. Die Menge A dieser Klassen müßte später der zu konstruierende Körper $\mathbb{R}$ werden. Dazu erklären wir zunächst Verknüpfungen auf C und dann auf A.

Wir definieren auf C in naheliegender Weise eine Addition und eine Multiplikation durch

$$(p_1, p_2, p_3, \ldots) + (q_1, q_2, q_3, \ldots) =_{Df} (p_1 + q_1, p_2 + q_2, p_3 + q_3, \ldots)$$

und

$$(p_1, p_2, p_3, \ldots) \cdot (q_1, q_2, q_3, \ldots) =_{Df} (p_1 q_1, p_2 q_2, p_3 q_3, \ldots).$$

Daß diese Operationen wirklich Verknüpfungen auf C definieren, muß nachgesehen werden. Zunächst liegen die rechten Seiten in $\mathbb{Q}^\infty$; wir haben zu zeigen, daß sie sogar in C liegen. Dazu sei ein beliebiges, aber festes $\epsilon \in \mathbb{Q}$, $\epsilon > 0$, vorgegeben.

Da $(p_1, p_2, p_3, \ldots), (q_1, q_2, q_3, \ldots)$ Cauchy-Folgen sind, gibt es einen Index $N(\epsilon)$, so daß für alle $m, n \geqslant N(\epsilon)$ zugleich $|p_m - p_n| < \frac{\epsilon}{2}$ und $|q_m - q_n| < \frac{\epsilon}{2}$ gilt. Es folgt $|p_m + q_m - (p_n + q_n)| = |(p_m - p_n) + (q_m - q_n)| \leqslant |p_m - p_n| + |q_m - q_n| < \epsilon$ für alle $m, n \geqslant N(\epsilon)$, also $(p_1 + q_1, p_2 + q_2, p_3 + q_3, \ldots) \in C$.

Entsprechend verfahren wir bei der Multiplikation: Wir wissen die Existenz von $q \in \mathbb{Q}$ $(q > 0)$ und $N^*(\epsilon)$ mit $|p_n| < q$, $|q_n| < q$ für alle $n \in \mathbb{N}$ und $|p_m - p_n| < \frac{\epsilon}{2q}$, $|q_m - q_n| < \frac{\epsilon}{2q}$ für alle $m, n \geqslant N^*(\epsilon)$. Aus der Abschätzung

$$\begin{aligned} |p_m q_m - p_n q_n| &= |p_m q_m - p_m q_n + p_m q_n - p_n q_n| \\ &\leqslant |p_m|\,|q_m - q_n| + |q_n|\,|p_m - p_n| \\ &< q\frac{\epsilon}{2q} + q\frac{\epsilon}{2q} = \epsilon \end{aligned}$$

für $m, n \geqslant N^*(\epsilon)$ folgt schließlich $(p_1 q_1, p_2 q_2, p_3 q_3, \ldots) \in C$.

Aus C ist die algebraische Struktur $C(+, \cdot)$ entstanden. Wir wollen die Verknüpfungen von C auf die Partition A der paarweise disjunkten Äquivalenzklassen von C übertragen durch

$$[p_1, p_2, p_3, \ldots] + [q_1, q_2, q_3, \ldots] =_{Df} [p_1 + q_1, p_2 + q_2, p_3 + q_3, \ldots],$$
$$[p_1, p_2, p_3, \ldots] \cdot [q_1, q_2, q_3, \ldots] =_{Df} [p_1 q_1, p_2 q_2, p_3 q_3, \ldots],$$

und dies ist nach Satz 2 aus § 11 genau dann statthaft, wenn $\sim$ sogar eine Kongruenzrelation ist: Es gelte also $(p_1, p_2, p_3, \ldots) \sim (p_1', p_2', p_3', \ldots)$, $(q_1, q_2, q_3, \ldots) \sim (q_1', q_2', q_3', \ldots)$. Dann wird von einem gewissen Index $N(\epsilon)$ an $|(p_n + q_n) - (p_n' + q_n')| \leqslant |p_n - p_n'| + |q_n - q_n'| < \epsilon$, also $(p_1 + q_1, p_2 + q_2, p_3 + q_3, \ldots) \sim (p_1' + q_1', p_2' + q_2', p_3' + q_3', \ldots)$. Entsprechend ergibt sich $(p_1 q_1, p_2 q_2, p_3 q_3, \ldots) \sim (p_1' q_1', p_2' q_2', p_3' q_3', \ldots)$ aus der Abschätzung $|p_n q_n - p_n' q_n'| = |(p_n q_n - p_n q_n') + (p_n q_n' - p_n' q_n')| \leqslant |p_n|\,|q_n - q_n'| + |q_n'|\,|p_n - p_n'| < \epsilon$ von einem gewissen Index $N^*(\epsilon)$ an.

Wir haben die algebraische Struktur $A(+, \cdot)$ erhalten. Wir zeigen, daß sie ein Körper ist. Da die Addition und die Multiplikation zweier Klassen komponentenweise erfolgen, bekommen wir die Assoziativität, Kommutativität und Distributivität der Verknüpfungen in A aus denen in $\mathbf{Q}$. Die Klassen $[0, 0, 0, \ldots]$ und $[1, 1, 1, \ldots]$ sind Null bzw. Eins in $A(+, \cdot)$. Die zu $[q_1, q_2, q_3, \ldots] \in A$ additiv inverse Klasse ist $[-q_1, -q_2, -q_3, \ldots] =_{Df} -[q_1, q_2, q_3, \ldots] \in A$. Lediglich die Ermittlung der zu $[q_1, q_2, q_3, \ldots] \neq [0, 0, 0, \ldots]$ multiplikativ inversen Klasse bedarf einiger Sorgfalt. Das von Null verschiedene Element $[q_1, q_2, q_3, \ldots] \in A$ enthält nur solche Repräsentanten $(q_1, q_2, q_3, \ldots)$, für die es ein $q \in \mathbf{Q}, q > 0$, gibt mit $|q_n| > q$ für fast alle Indizes $n \in \mathbf{N}$. Andernfalls wäre nämlich die Cauchy-Folge $(q_1, q_2, q_3, \ldots)$ eine Nullfolge und demnach $[q_1, q_2, q_3, \ldots] = [0, 0, 0, \ldots]$. Da also $(q_1, q_2, q_3, \ldots)$ nur endlich viele Glieder q_n mit $|q_n| \leqslant q$ enthält, können wir diese durch Einsen ersetzen und erhalten einen Repräsentanten $(q_1', q_2', q_3', \ldots) \sim (q_1, q_2, q_3, \ldots)$. Für ihn gilt $|q_n'| > q$, also (und allein darauf kommt es uns an) auch $q_n' \neq 0$, für alle $n \in \mathbf{N}$. Dann ist $[\frac{1}{q_1'}, \frac{1}{q_2'}, \frac{1}{q_3'}, \ldots] \in A$ das multiplikative Inverse von $[q_1', q_2', q_3', \ldots] = [q_1, q_2, q_3, \ldots] \in A$: Da das Produkt beider Klassen die Eins aus A liefert, bleibt nur noch nachzuweisen, daß $[\frac{1}{q_1'}, \frac{1}{q_2'}, \frac{1}{q_3'}, \ldots]$ in A liegt. Dies folgt aus der Abschätzung

$$\left|\frac{1}{q_m'} - \frac{1}{q_n'}\right| = \frac{|q_m' - q_n'|}{|q_m'|\,|q_n'|} < \frac{1}{q^2}\,|q_m' - q_n'|.$$

Also ist $A(+, \cdot)$ ein Körper.

Wir prüfen nach, daß der Körper $A(+, \cdot)$ die gewünschten Eigenschaften besitzt. Zunächst betrachten wir die Teilstruktur $T = \{[q, q, q, \ldots]: q \in \mathbf{Q}\}$ von $A(+, \cdot)$; sie ist isomorph zu $\mathbf{Q}$, denn die Abbildung $f: \mathbf{Q} \to T$ mit $f(q) = [q, q, q, \ldots]$ ist bijektiv und relationstreu hinsichtlich beider Verknüpfungen. Abgesehen von der Schreibweise ist also $\mathbf{Q}$ in A enthalten.

Jeder Dezimalbruch $\pm\, a, a_1 a_2 a_3 \ldots$ mit $a \in \mathbf{N} \cup \{0\}, a_i \in \{0, 1, 2, \ldots, 9\}$, definiert eine Cauchy-Folge, nämlich

$$\pm\left(a, a + \frac{a_1}{10}, a + \frac{a_1}{10} + \frac{a_2}{100}, a + \frac{a_1}{10} + \frac{a_2}{100} + \frac{a_3}{1000}, \ldots\right),$$

und repräsentiert demnach eine Klasse aus A. Umgekehrt überlegt man sich, daß jede Klasse aus A genau einen Repräsentanten dieser Art enthält. Indem wir die Elemente von A durch die entsprechenden Dezimalbrüche ersetzen, ändern wir lediglich die Schreibweise ab. Den so aus $A(+, \cdot)$ gewonnenen Körper nennen wir $\mathbf{R}(+, \cdot)$, seine Elemente reelle Zahlen.

Durch die Vereinbarung, die in Gestalt eines Dezimalbruchs geschriebene reelle Zahl $a, a_1 a_2 a_3 \ldots$ sei positiv genau dann, wenn wenigstens eine der Zahlen a

oder a_i positiv ist, ist auf $\mathbf{R}(+,\cdot)$ eine archimedische Anordnung definiert, die die Anordnung von $\mathbf{Q}(+,\cdot)$ aus (12.4) fortsetzt.

Abschließend wollen wir noch untersuchen, ob jedem Punkt der anfangs zur Veranschaulichung gewählten Geraden nun umkehrbar eindeutig eine reelle Zahl entspricht. Dazu betrachten wir Cauchy-Folgen aus $\mathbf{R}^\infty$, wobei wir unter einer Cauchy-Folge jetzt allgemeiner eine Folge $(r_1, r_2, r_3, \ldots)$ aus $\mathbf{R}^\infty$ verstehen mit der Eigenschaft: Zu jedem positiven $\epsilon \in \mathbf{R}$ existiert ein Index $N(\epsilon)$ mit $|r_m - r_n| < \epsilon$ für alle $m, n \geqslant N(\epsilon)$. Entsprechend heißt eine Folge $(r_1, r_2, r_3, \ldots)$ aus $\mathbf{R}^\infty$ Nullfolge, wenn zu jedem positiven $\epsilon \in \mathbf{R}$ ein Index $N_0(\epsilon)$ existiert mit $|r_n| < \epsilon$ für alle $n \geqslant N_0(\epsilon)$.

Es gibt zu jeder Cauchy-Folge aus $\mathbf{R}^\infty$ eine äquivalente Cauchy-Folge aus $\mathbf{Q}^\infty$, wobei die oben genannte Äquivalenzrelation zugrunde gelegt wird. Zum Nachweis nehmen wir eine beliebige Cauchy-Folge $(r_1, r_2, r_3, \ldots)$ aus $\mathbf{R}^\infty$. Man betrachte die Komponente r_n. Liegt sie schon in $\mathbf{Q}$, so lassen wir sie unverändert und schreiben lediglich r'_n statt r_n. Ist $r_n \notin \mathbf{Q}$, so gibt es ein $r'_n \in \mathbf{Q}$ mit $|r_n - r'_n| < \frac{1}{n}$. Es gilt

$$(r_1, r_2, r_3, \ldots) \sim (r'_1, r'_2, r'_3, \ldots).$$

Also liegt $[r_1, r_2, r_3, \ldots] = [r'_1, r'_2, r'_3, \ldots]$ in A oder in anderer Schreibweise bereits in $\mathbf{R}$.

Damit ist klar, daß durch die erneute Klassenkonstruktion von Cauchy-Folgen aus $\mathbf{R}^\infty$ der reelle Zahlkörper $\mathbf{R}(+,\cdot)$ nicht mehr erweitert werden kann. Er ist *vollständig.* Jedem Punkt unserer Zahlengeraden läßt sich also eine reelle Zahl umkehrbar eindeutig zuordnen.

Zusammengefaßt haben wir die Existenz des archimedisch angeordneten vollständigen Körpers $\mathbf{R}(+,\cdot)$ nachgewiesen. Diese hier festgehaltenen Eigenschaften des Körpers $\mathbf{R}(+,\cdot)$ bilden die Grundlage der reellen Analysis.

Lösungen der Aufgaben

§ 1

Aufgabe 1: Aus $[A \Rightarrow B]$ folgt $[\overline{B} \Rightarrow \overline{A}]$ und erst recht $[(A \text{ und } \overline{B}) \Rightarrow \overline{A}]$; es gilt also $[A \Rightarrow B] \Rightarrow [(A \text{ und } \overline{B}) \Rightarrow \overline{A}]$. Für die Umkehrung beachten wir, daß die Negation von $(A \text{ und } \overline{B})$ lautet: $(\overline{A} \text{ oder } B)$. Damit wird auch $[(A \text{ und } \overline{B}) \Rightarrow \overline{A}]$ $\Rightarrow [A \Rightarrow (\overline{A} \text{ oder } B)] \Rightarrow [A \Rightarrow B]$. Beides zusammen liefert die Behauptung.

Aufgabe 2: Es ist

$$\begin{aligned} A \cup (B \cap C) &= \{x \colon x \in A \text{ oder } (x \in B \text{ und } x \in C)\} \\ &= \{x \colon x \in A \cup B \text{ und } x \in A \cup C\} = (A \cup B) \cap (A \cup C) \text{ und} \\ A \cap (B \cup C) &= \{x \colon x \in A \text{ und } (x \in B \text{ oder } x \in C)\} \\ &= \{x \colon x \in A \cap B \text{ oder } x \in A \cap C\} = (A \cap B) \cup (A \cap C). \end{aligned}$$

Aufgabe 3: Links und rechts vom Gleichheitszeichen steht die Menge genau derjenigen $x \in R$, die in wenigstens zwei der Mengen A, B, C liegen. – Man kann die Behauptung auch mit Hilfe der Distributivgesetze (4) nachrechnen:

$$\begin{aligned} (A \cap B) \cup (B \cap C) \cup (C \cap A) &= ([(A \cap B) \cup B] \cap [(A \cap B) \cup C]) \cup (C \cap A) \\ &= (B \cap [(A \cap B) \ \cup C]) \cup (C \cap A) \\ &= (B \cup C) \cap (B \cup A) \cap [(A \cap B) \cup C] \cap (A \cup C) \\ &= (A \cup B) \cap (B \cup C) \cap (C \cup A). \end{aligned}$$

Aufgabe 4: In $|A| + |B|$ wird jedes $x \in A \cap B$ doppelt gezählt. In $|A| + |B| - |A \cap B|$ wird also jedes $x \in R$ genau dann einmal gezählt, wenn es in $A \cup B$ liegt. Es folgt $|A \cup B| = |A| + |B| - |A \cap B|$. Mehrfache Anwendung dieser Formel liefert mit Hilfe des Distributivgesetzes

$$\begin{aligned} |A \cup B \cup C| &= |A \cup (B \cup C)| \\ &= |A| + |B \cup C| - |A \cap (B \cup C)| \\ &= |A| + |B| + |C| - |B \cap C| - |(A \cap B) \cup (A \cap C)| \\ &= |A| + |B| + |C| - |A \cap B| - |A \cap C| - |B \cap C| + |(A \cap B) \cap (A \cap C)| \\ &= |A| + |B| + |C| - |A \cap B| - |A \cap C| - |B \cap C| + |A \cap B \cap C|. \end{aligned}$$

Auch dieses Ergebnis kann man durch eine direkte Auszählung leicht bestätigen.

Aufgabe 5:

a) Es ist $(T')' = \{r \colon r \in R, r \notin T'\} = \{r \colon r \in R, r \in T\} = T$; in $T \cup T'$ liegen alle Elemente von R, und die Mengen T, T' haben kein gemeinsames Element.

b) Es ist

$$\begin{aligned} (A \cup B)' &= \{r \colon r \in R, r \notin A \cup B\} \\ &= \{r \colon r \in R, \ r \text{ liegt nicht in } A \text{ oder } B\} \\ &= \{r \colon r \in R, r \notin A \text{ und } r \notin B\} = A' \cap B' \text{ und} \\ (A \cap B)' &= \{r \colon r \in R, r \notin A \cap B\} \\ &= \{r \colon r \in R, \ r \text{ liegt nicht in } A \text{ und } B\} \\ &= \{r \colon r \in R, r \notin A \text{ oder } r \notin B\} = A' \cup B'. \end{aligned}$$

Aufgabe 6:
a) $f(M \cup N) = \{f(x): x \in M \cup N\} = \{f(x): x \in M \text{ oder } x \in N\} = f(M) \cup f(N)$.
b) $f(M \cap N) = \{f(x): x \in M \cap N\} = \{f(x): x \in M \text{ und } x \in N\} \subset f(M) \cap f(N)$.
Setzt man $A = \{-1, 0, 1\}$, $B = \{0, 1\}$ und $f(0) = 0$, $f(-1) = f(1) = 1$, so wird $f(\{-1, 0\} \cap \{0, 1\}) = \{0\} \neq f(\{-1, 0\}) \cap f(\{0, 1\}) = \{0, 1\}$.

Aufgabe 7:
a) Es ist $f^{-1}(f(M)) = \{x: x \in A, f(x) \in f(M)\} \supset \{x: x \in M\} = M$.
b) Es ist $f(f^{-1}(N)) = f(\{x: x \in A, f(x) \in N\}) \subset N$.
In a) ist $f^{-1}(f(M)) \neq M$, wenn es ein $x \in A, x \notin M$, gibt mit $f(x) \in f(M)$.
In b) ist $f(f^{-1}(N)) \neq N$, wenn es ein $y \in N$ gibt mit $y \notin f(A)$.

§ 2

Aufgabe 1:
a) Aus

$$\sum_{\nu=1}^{n+1} \nu^4 = \sum_{\nu=0}^{n} (\nu+1)^4 = \sum_{\nu=1}^{n} \nu^4 + 4\sum_{\nu=1}^{n} \nu^3 + 6\sum_{\nu=1}^{n} \nu^2 + 4\sum_{\nu=1}^{n} \nu + (n+1)$$

folgt $\quad (n+1)^4 = 4\sum_{\nu=1}^{n} \nu^3 + n(n+1)(2n+1) + 2n(n+1) + (n+1)$

oder $\quad 4\sum_{\nu=1}^{n} \nu^3 = (n+1)\,[(n+1)^3 - 2n^2 - n - 2n - 1]$.

Also ist $\quad \sum_{\nu=1}^{n} \nu^3 = \frac{1}{4} n^2 (n+1)^2$.

b) Es ist

$$\sum_{\nu=1}^{2k} (-1)^{\nu-1}\nu^2 = \sum_{\lambda=0}^{k-1} ((2\lambda+1)^2 - (2\lambda+2)^2) = \sum_{\lambda=0}^{k-1} (-4\lambda - 3) = (-4)\frac{(k-1)k}{2} - 3k = -k(2k+1) \quad (k \geqslant 0)$$

und folglich $\sum_{\nu=1}^{2k+1} (-1)^{\nu-1}\nu^2 = -k(2k+1) + (2k+1)^2 = (2k+1)(k+1)$.

Man kann beide Ergebnisse zusammenfassen:

$$\sum_{\nu=1}^{n} (-1)^{\nu-1}\nu^2 = (-1)^{n-1}\frac{n(n+1)}{2}.$$

Aufgabe 2:
a) Es ist

$$\sum_{\nu=1}^{n} \frac{1}{\nu(\nu+1)} = \sum_{\nu=1}^{n} \left(\frac{1}{\nu} - \frac{1}{\nu+1}\right) = \left(1 - \frac{1}{2}\right) + \left(\frac{1}{2} - \frac{1}{3}\right) + \ldots + \left(\frac{1}{n} - \frac{1}{n+1}\right) = 1 - \frac{1}{n+1}.$$

b) Es ist
$$\sum_{\nu=1}^{n} \frac{\nu}{2^\nu} = \frac{1}{2}+\frac{1}{4}+\frac{1}{8}+\ldots+\frac{1}{2^n}$$
$$+\frac{1}{4}+\frac{1}{8}+\ldots+\frac{1}{2^n}$$
$$+\frac{1}{8}+\ldots+\frac{1}{2^n}$$
$$+\ldots$$
$$+\frac{1}{2^n},$$

und die Zusammenfassung Zeile für Zeile liefert

$$\sum_{\nu=1}^{n} \frac{\nu}{2^\nu} = (1-\frac{1}{2^n})+(\frac{1}{2}-\frac{1}{2^n})+\ldots+(\frac{1}{2^{n-1}}-\frac{1}{2^n}) = 2-\frac{1}{2^{n-1}}-\frac{n}{2^n} = 2-\frac{n+2}{2^n}.$$

Oder: Für die zu berechnende Summe gilt
$$\sum_{\nu=1}^{n} \frac{\nu}{2^\nu} = \sum_{\nu=0}^{n-1} \frac{\nu+1}{2^{\nu+1}} = \frac{1}{2}\sum_{\nu=1}^{n-1} \frac{\nu}{2^\nu}+\sum_{\nu=1}^{n} \frac{1}{2^\nu},$$
also
$$\frac{1}{2}\sum_{\nu=1}^{n} \frac{\nu}{2^\nu} = 1-\frac{1}{2^n}-\frac{1}{2}\frac{n}{2^n},$$
und hieraus folgt das bereits notierte Resultat.

Aufgabe 3:
a) Wegen $(1+\frac{1}{2k-1})(1-\frac{1}{2k}) = 1$ ist das Produkt für gerades n Eins. Ist n ungerade, so ist das Produkt gleich seinem letzten Faktor $1+\frac{1}{n}$.

b) Es ist
$$\prod_{\nu=2}^{n} \frac{\nu^3+1}{\nu^3-1} = \prod_{\nu=2}^{n} \frac{(\nu+1)(\nu^2-\nu+1)}{(\nu-1)(\nu^2+\nu+1)} = \prod_{\nu=2}^{n} \frac{\nu+1}{\nu-1}\cdot\prod_{\nu=2}^{n} \frac{\nu^2-\nu+1}{\nu^2+\nu+1}$$
$$= \frac{1}{2}n(n+1)\cdot\frac{\prod_{\nu=1}^{n-1}((\nu+1)^2-(\nu+1)+1)}{\prod_{\nu=2}^{n}(\nu^2+\nu+1)}$$
$$= \frac{1}{2}n(n+1)\cdot\frac{\prod_{\nu=1}^{n-1}(\nu^2+\nu+1)}{\prod_{\nu=2}^{n}(\nu^2+\nu+1)} = \frac{3}{2}\cdot\frac{n^2+n}{n^2+n+1} \quad (n \geqslant 1).$$

Aufgabe 4: Zunächst ist
$$\sum_{\nu=1}^{2^n-1} \frac{1}{\nu} = 1+(\frac{1}{2}+\frac{1}{3})+(\frac{1}{4}+\ldots+\frac{1}{7})+\ldots+(\frac{1}{2^{n-1}}+\ldots+\frac{1}{2^n-1})$$
$$\leqslant 1+(\frac{1}{2}+\frac{1}{2})+(\frac{1}{4}+\ldots+\frac{1}{4})+\ldots+(\frac{1}{2^{n-1}}+\ldots+\frac{1}{2^{n-1}}) \leqslant n.$$

Für die Abschätzung nach unten schreiben wir

$$\sum_{\nu=1}^{2^n-1} \frac{1}{\nu} \geqslant 1 + \frac{1}{2} + (\frac{1}{3} + \frac{1}{4}) + (\frac{1}{5} + \ldots + \frac{1}{8}) + \ldots + (\frac{1}{2^{n-2}+1} + \ldots + \frac{1}{2^{n-1}})$$
$$> \frac{1}{2} + \frac{1}{2} + (\frac{1}{4} + \frac{1}{4}) + (\frac{1}{8} + \ldots + \frac{1}{8}) + \ldots + (\frac{1}{2^{n-1}} + \ldots + \frac{1}{2^{n-1}}) = \frac{n}{2}.$$

§ 3

Aufgabe 1: Für $n = 1$ ist die Behauptung wahr, und aus

$$\sum_{\nu=1}^{n} \frac{\nu}{2^\nu} = 2 - \frac{n+2}{2^n}$$

folgt durch beiderseitige Addition von $\frac{n+1}{2^{n+1}}$ die behauptete Beziehung

$$\sum_{\nu=1}^{n+1} \frac{\nu}{2^\nu} = 2 - \frac{n+2}{2^n} + \frac{n+1}{2^{n+1}} = 2 - \frac{n+3}{2^{n+1}}$$

für $n + 1$ an Stelle von n.

Aufgabe 2: Aus $(1 + x)^n \geqslant 1 + nx$ folgt

$$(1 - x)^n < \frac{1}{(1+x)^n} \leqslant \frac{1}{1+nx}.$$

Aufgabe 3: Für $n = 5$ ist die Behauptung wahr, und aus $n^2 < 2^n$ folgt $2n^2 < 2^{n+1}$, wegen

$$(n+1)^2 = n^2 + 2n + 1 \leqslant n^2 + 3n \leqslant 2n^2 \quad \text{für} \quad n \geqslant 3$$

also weiter $(n + 1)^2 < 2^{n+1}$ für alle $n \geqslant 5$, und das ist die Induktionsbehauptung.

Aufgabe 4: Ist M nicht leer, so schreiben wir etwa $M = \{1, 2, 3, \ldots, n\}$. Durch Probieren finden wir für $|M| = 1, 2, 3$ die Ergebnisse $|\mathbf{P}(M)| = 2, 4, 8$. Beispielweise ist

$$\mathbf{P}(\{1,2,3\}) = \{\mathsf{L}, \{1\}, \{2\}, \{3\}, \{1,2\}, \{1,3\}, \{2,3\}, \{1,2,3\}\}.$$

Wir vermuten $|\mathbf{P}(M)| = 2^{|M|}$. Für $|M| = 1$ und auch für $|M| = 0$ ist das wahr. Wir beweisen unsere Vermutung durch vollständige Induktion nach $|M| = n$. Ist $|\mathbf{P}(M)| = 2^{|M|}$ für eine Menge M mit n Elementen, so besitzt $M = \{1, 2, 3, \ldots, n + 1\}$ genau 2^n Teilmengen, die das Element $n + 1$ enthalten, und weitere 2^n Teilmengen, die das Element $n + 1$ nicht enthalten. Dies liefert die Induktionsbehauptung $|\mathbf{P}(\{1, 2, 3, \ldots, n + 1\})| = 2^n + 2^n = 2^{n+1}$.

§ 4

Aufgabe 1: Nach Satz 2 gibt es genau $\binom{n}{k}$ k-tupel $(a_1, a_2, \ldots, a_k)$ mit $1 \leqslant a_1 < a_2 < \ldots < a_k \leqslant n$. Verzichtet man, wie verlangt, auf die zuletzt genannte Nebenbedingung, so liefert jedes einzelne der mit $\binom{n}{k}$ abgezählten k-tupel insgesamt k! neue, und keine zwei von ihnen fallen zusammen. Das Ergebnis, das man auch leicht direkt bestätigen kann, lautet also

$k!\binom{n}{k} = n(n-1)(n-2)\ldots(n-k+1).$

Aufgabe 2: Der erste Spieler kann seine Karten auf $\binom{32}{10}$ Arten auswählen; der zweite Spieler hat dann $\binom{22}{10}$, der dritte noch $\binom{12}{10}$ Möglichkeiten; die letzten zwei Karten fallen in den Skat. Also sind insgesamt

$$\binom{32}{10}\binom{22}{10}\binom{12}{10}$$

verschiedene Kartenverteilungen, das sind etwa $2{,}75 \cdot 10^{15}$, möglich.

Aufgabe 3:
a) Es bestehen genau $\binom{32}{2}$ Möglichkeiten für den Skat. In genau $\binom{28}{2}$ Fällen liegt kein Bube im Skat, in den verbleibenden $\binom{32}{2}-\binom{28}{2}$ Fällen mindestens einer. Der Quotient aus $\binom{32}{2}-\binom{28}{2}$ und $\binom{32}{2}$ ist $\frac{59}{248}$. Der gesuchte Prozentsatz von ca. 23,8 ergibt sich hieraus durch Multiplikation mit 100.
b) Es bestehen genau $\binom{32}{2}$ Möglichkeiten für den Skat, und in genau 31 Fällen liegt der Kreuz-Bube im Skat. Der Quotient ist $\frac{1}{16}$, der gesuchte Prozentsatz 6,25.

Aufgabe 4: In den Fällen $k = n + 1$ und $k > n + 1$ ist die Behauptung richtig, und für $k \leqslant n$ gilt

$$\binom{n}{k-1}+\binom{n}{k} = \frac{n!}{(k-1)!\,(n-k+1)!}+\frac{n!}{k!\,(n-k)!}$$
$$= \frac{k\cdot n!+(n-k+1)\cdot n!}{k!\,(n+1-k)!} = \binom{n+1}{k}.$$

In der Mitte unterhalb von zwei benachbarten Binomialkoeffizienten einer Zeile des *Pascal*schen Dreiecks steht ihre Summe.

Aufgabe 5: Sind a, b reelle Zahlen, so lautet die Behauptung

$$(a+b)^n = \sum_{k=0}^{n}\binom{n}{k}a^k b^{n-k} \qquad (n = 0, 1, 2, 3, \ldots).$$

Für $n = 0$ (in diesem Fall sei die linke Seite Eins) und $n = 1$ ist das richtig. Es sei nun die Behauptung für den Exponenten $n \in \mathbf{N}$ als richtig vorausgesetzt. Multiplikation mit $(a + b)$ liefert

$$(a+b)^{n+1} = \binom{n}{0}ab^n+\binom{n}{1}a^2b^{n-1}+\binom{n}{2}a^3b^{n-2}+\ldots+\binom{n}{n-1}a^nb+\binom{n}{n}a^{n+1}$$
$$+\binom{n}{0}b^{n+1}+\binom{n}{1}ab^n+\binom{n}{2}a^2b^{n-1}+\binom{n}{3}a^3b^{n-2}+\ldots+\binom{n}{n}a^nb.$$

Man addiere spaltenweise; dabei benutze man $\binom{n}{0}=\binom{n+1}{0}=1, \binom{n}{n}=\binom{n+1}{n+1}=1$

und das Ergebnis von Aufgabe 4. Es entsteht die Induktionsbehauptung

$$(a+b)^{n+1} = \sum_{k=0}^{n+1} \binom{n+1}{k} a^k b^{n+1-k}.$$

Aufgabe 6:

a) Es ist $\sum_{\nu=0}^{n} \binom{n}{\nu} = \sum_{\nu=0}^{n} \binom{n}{\nu} 1^\nu 1^{n-\nu} = (1+1)^n = 2^n \quad (n = 0, 1, 2, \ldots).$

b) Für $n = 0$ ist die Summe Eins. Für $n = 1, 2, 3, \ldots$ ist $\sum_{\nu=0}^{n} (-1)^\nu \binom{n}{\nu}$ $= \sum_{\nu=0}^{n} \binom{n}{\nu} (-1)^\nu 1^{n-\nu} = (-1+1)^n = 0.$

c) Die Behauptung ist richtig für $k = 0$. Aus ihrer Gültigkeit für ein $k \geqslant 0$ folgt

$$\sum_{\kappa=0}^{k} \binom{n+\kappa}{\kappa} + \binom{n+k+1}{k+1} = \binom{n+k+2}{k+1},$$

wobei rechts das Ergebnis von Aufgabe 4 verwandt wurde. Dies ist aber, da links

$$\sum_{\kappa=0}^{k+1} \binom{n+\kappa}{\kappa}$$

steht, die Induktionsbehauptung für $k+1$ an Stelle von k.

Aufgabe 7: Wir führen den Beweis bei festem p durch vollständige Induktion nach n. Die Behauptung ist richtig für $n = 1$. Unter der Annahme, daß p die Zahl $n^p - n$ teilt, ist noch zu zeigen, daß p auch in

$$(n+1)^p - (n+1) = (n^p - n) + \binom{p}{1} n^{p-1} + \binom{p}{2} n^{p-2} + \ldots + \binom{p}{p-1} n$$

aufgeht. Da der erste Summand rechter Hand nach Voraussetzung durch p teilbar ist, sind wir fertig, wenn wir noch zeigen: Jedes $\binom{p}{\nu}$ mit $1 \leqslant \nu \leqslant p-1$ ist durch p teilbar. In einem solchen

$$\binom{p}{\nu} = \frac{p(p-1)\ldots(p-\nu+1)}{\nu(\nu-1)\ldots 1}$$

läßt sich zunächst wegen $\binom{p}{\nu} \in \mathbf{N}$ der ganze Nenner wegkürzen; für $1 \leqslant \nu \leqslant p-1$ bleibt dabei der Faktor p im Zähler stehen, und das heißt $p \mid \binom{p}{\nu}$.

§ 5

Aufgabe 1: Es ist für $n \geqslant 2$

$$\begin{aligned}(1+\tfrac{1}{n})^n &= 1 + \sum_{\nu=1}^{n} \binom{n}{\nu} \frac{1}{n^\nu} = 1 + \sum_{\nu=1}^{n} \frac{1}{\nu!}(1-\tfrac{1}{n})(1-\tfrac{2}{n})\ldots(1-\tfrac{\nu-1}{n}) \\ &> 1 + \sum_{\nu=1}^{n} \frac{1}{\nu!}(1-\frac{1}{n-1})(1-\frac{2}{n-1})\ldots(1-\frac{\nu-1}{n-1}) \\ &= 1 + \sum_{\nu=1}^{n-1} \frac{1}{\nu!}(1-\frac{1}{n-1})(1-\frac{2}{n-1})\ldots(1-\frac{\nu-1}{n-1}) \\ &= (1+\frac{1}{n-1})^{n-1}\end{aligned}$$

und

$$(1+\frac{1}{n})^n = 1+\sum_{\nu=1}^{n}\binom{n}{\nu}\frac{1}{n^\nu} < 1+\sum_{\nu=1}^{n}\frac{1}{\nu!} \leqslant 1+\sum_{\nu=1}^{n}\frac{1}{2^{\nu-1}} = 1+\frac{1-(\frac{1}{2})^n}{1-\frac{1}{2}} < 3.$$

Aufgabe 2: Gleichwertig mit der ersten Behauptung

$$(\frac{n}{n-1})^n > (\frac{n+1}{n})^{n+1}$$

ist

$$\left(\frac{n^2}{n^2-1}\right)^n > \frac{n+1}{n} = 1+\frac{1}{n}.$$

Dies liefert aber die *Bernoulli*sche Ungleichung:

$$\left(\frac{n^2}{n^2-1}\right)^n = \left(1+\frac{1}{n^2-1}\right)^n \geqslant 1+\frac{n}{n^2-1} > 1+\frac{1}{n}.$$

Ebenfalls aus der *Bernoulli*schen Ungleichung folgt

$$(1+\frac{1}{n})^{n+1} \geqslant 1+\frac{n+1}{n} > 2.$$

Aufgabe 3: Diese mitunter nützliche Abschätzung für $n!$ ist zunächst für $n = 6$ richtig. Wir führen den Beweis durch vollständige Induktion nach n und nehmen für ein $n \in \mathbf{N}$, $n \geqslant 6$, die Gültigkeit von

$$(\frac{n}{3})^n < n! < (\frac{n}{2})^n$$

an. Multiplizieren wir links mit $\frac{(n+1)^{n+1}}{3n^n}$, in der Mitte mit $n+1$ und rechts mit $\frac{(n+1)^{n+1}}{2n^n}$, so steht die Induktionsbehauptung mit $n+1$ an Stelle von n da. Es würde also genügen,

$$\frac{(n+1)^{n+1}}{3n^n} < n+1 < \frac{(n+1)^{n+1}}{2n^n}$$

zu zeigen. Die linke Ungleichung ist aber in Aufgabe 1 notiert, und die rechte folgt aus

$$(1+\frac{1}{n})^n > 1+\frac{n}{n} = 2 \quad (n \geqslant 2).$$

Aufgabe 4: Auf Grund der *Schwarz*schen Ungleichung ist

$$\left(\sqrt{a_1}\frac{1}{\sqrt{a_1}}+\sqrt{a_2}\frac{1}{\sqrt{a_2}}+\ldots+\sqrt{a_n}\frac{1}{\sqrt{a_n}}\right)^2 = n^2$$
$$\leqslant (a_1+a_2+\ldots+a_n)(\frac{1}{a_1}+\frac{1}{a_2}+\ldots+\frac{1}{a_n}).$$

Aufgabe 5: Für $n = 1$ ist die Ungleichung richtig. Wir setzen ihre Gültigkeit für ein $n \in \mathbf{N}$ voraus und addieren überall $\frac{1}{\sqrt{n+1}}$. Können wir die Ungleichungen

$$2\sqrt{n+2}-2 \leqslant 2\sqrt{n+1}-2+\frac{1}{\sqrt{n+1}},$$

$$2\sqrt{n}+\frac{1}{\sqrt{n+1}} \leqslant 2\sqrt{n+1}$$

bestätigen, so erhalten wir mit ihnen die Induktionsbehauptung. In der ersten Ungleichung addiere man beiderseits 2, multipliziere mit $\sqrt{n+1}$ und quadriere; es entsteht gleichwertig $4n^2 + 12n + 8 \leqslant 4n^2 + 12n + 9$, und das ist richtig. In der zweiten Ungleichung multipliziere man mit $\sqrt{n+1}$, subtrahiere 1 und quadriere; es entsteht gleichwertig $4n^2 + 4n \leqslant 4n^2 + 4n + 1$, und auch das ist richtig.

Aufgabe 6: Wir führen den Beweis durch vollständige Induktion nach n. Für $n = 1$ ist die Ungleichung richtig; dabei verwenden wir die für alle $\rho \in \mathbf{N}$ gültige Abschätzung $\rho < 2^\rho$ (Beweis etwa durch vollständige Induktion nach ρ). Unter der Annahme der Gültigkeit der Ungleichung für ein $n \in \mathbf{N}$ addieren wir überall $(n+1)^k$. Können wir die Ungleichungen

$$\frac{(n+1)^{k+1}}{k+1} \leqslant \frac{n^{k+1}}{k+1} + (n+1)^k,$$

$$\frac{(n+1)^{k+1}}{k+1} + (n+1)^k \leqslant \frac{(n+2)^{k+1}}{k+1}$$

bestätigen, so erhalten wir mit ihnen die Induktionsbehauptung. In der ersten Ungleichung multipliziere man mit $k+1$ und entwickle beiderseits nach Potenzen von n; es entsteht eine gleichwertige Ungleichung, die wegen $\binom{k+1}{\nu} \leqslant (k+1)\binom{k}{\nu}, 0 \leqslant \nu \leqslant k$, richtig ist. In der zweiten Ungleichung multipliziere man mit $k+1$; es entsteht gleichwertig $(n+1)^{k+1} + (k+1)(n+1)^k \leqslant (n+2)^{k+1}$ oder

$$1 + \frac{k+1}{n+1} \leqslant \left(1 + \frac{1}{n+1}\right)^{k+1}.$$

Letzteres ist aber ein Spezialfall der *Bernoulli*schen Ungleichung.

§ 6

Aufgabe 1: Wir führen den Beweis durch vollständige Induktion nach n. Für $n = 1, 2, 3$ ist die Behauptung richtig. Sie sei für n und weniger Faktoren bereits bewiesen. Dann bleibt zu zeigen, daß für jedes $k < n$ die Beziehung

$$(a_1 a_2 \ldots a_k)(a_{k+1} a_{k+2} \ldots a_{n+1}) = a_1 a_2 \ldots a_{n+1}$$

richtig ist; auf weitere Klammern linker Hand konnte wegen der Induktionsvoraussetzung verzichtet werden. Das Assoziativgesetz und die Induktionsvoraussetzung liefern nun

$$\begin{aligned}(a_1 a_2 \ldots a_k)(a_{k+1} a_{k+2} \ldots a_{n+1}) &= (a_1 a_2 \ldots a_k)((a_{k+1} a_{k+2} \ldots a_n) a_{n+1}) \\ &= ((a_1 a_2 \ldots a_k)(a_{k+1} a_{k+2} \ldots a_n)) a_{n+1} \\ &= (a_1 a_2 \ldots a_n) a_{n+1} \\ &= a_1 a_2 \ldots a_{n+1}.\end{aligned}$$

Aufgabe 2: Es seien a, b Elemente von G. Dann gilt $(ab)^2 = abab = e$. Es folgt $(a^2)ba(b^2) = aeb$, also $ba = ab$.

Aufgabe 3: Will man e, a, b, c zu einer Gruppe mit dem Einselement e machen, so erhält man die folgenden eventuell möglichen Gruppentafeln:

1	e	a	b	c
e	e	a	b	c
a	a	e	c	b
b	b	c	e	a
c	c	b	a	e

2	e	a	b	c
e	e	a	b	c
a	a	e	c	b
b	b	c	a	e
c	c	b	e	a

3	e	a	b	c
e	e	a	b	c
a	a	b	c	e
b	b	c	e	a
c	c	e	a	b

4	e	a	b	c
e	e	a	b	c
a	a	c	e	b
b	b	e	c	a
c	c	b	a	e

Vertauscht man in Tafel 2 überall a und b, so geht sie in Tafel 3 über. Vertauscht man in Tafel 4 überall b und c, so geht auch sie in Tafel 3 über. Die Tafeln 2, 3, 4 unterscheiden sich also nur hinsichtlich der Schreibweise. Für die Tafeln 1 und 3 bestätigt man die Gruppenaxiome; dabei erfordert das Assoziativgesetz einigen Aufwand. Es gibt also zwei Gruppen der Ordnung 4; in der ersten gilt $x^2 = e$ für alle x, in der zweiten nicht.

Aufgabe 4: Das Einselement e von G liegt in jedem U_i, also auch in D. Aus $a, b \in D$ folgt $a, b \in U_i$ und damit $ab \in U_i$ für jedes i, und das bedeutet $ab \in D$. Das Assoziativgesetz gilt in G, erst recht in D. Ein $a \in D$ liegt in allen U_i; auch a^{-1} liegt also in allen U_i und damit in D.

Aufgabe 5: Angenommen, aU und bU haben wenigstens ein Element c gemeinsam. Dann lautet die Behauptung: aU = bU. Es gibt Elemente $u_1, u_2 \in U$ mit $c = au_1 = bu_2$. Da U Untergruppe ist, liegen auch $u_2u_1^{-1}$ und $u_1u_2^{-1}$ in U. Es folgt $a = bu_2u_1^{-1} \in bU$ und daraus $aU \subset bU$, entsprechend $b = au_1u_2^{-1} \in aU$ und daraus $bU \subset aU$.

Aufgabe 6: Sicher gilt $\bigcup_{g\in G} gU = G$; denn wegen $g \in gU$ wird links jedes Element von G erfaßt. Zwei Nebenklassen gU, g'U linker Hand sind nach Aufgabe 5 entweder elementefremd oder identisch. Man streiche mehrfach aufgeführte Nebenklassen bis auf jeweils eine. Dann wird $G = a_1U \cup a_2U \cup \ldots \cup a_nU$ mit $a_iU \cap a_jU = \emptyset$ für $i \neq j$ und gewissen $a_\nu \in G$. Wir sind fertig, wenn wir zeigen können, daß jedes $a_\nu U$ ebenso viele Elemente hat wie U selbst; denn dann folgt $|G| = n|U|$. Um $|U| = |a_\nu U|$ zu zeigen, definieren wir durch $f(u) = a_\nu u$ eine Abbildung $f: U \to a_\nu U$ und zeigen, daß sie bijektiv ist. Die Abbildung f ist ersichtlich surjektiv; wegen $f(u_1) = f(u_2) \Rightarrow a_\nu u_1 = a_\nu u_2 \Rightarrow u_1 = u_2$ ist sie auch injektiv.

Aufgabe 7: Es sei G eine Gruppe mit genau p Elementen. Wegen $p \geqslant 2$ gibt es ein Element $g \neq e$ in G. Man betrachte die Potenzen $g, g^2, g^3, \ldots$; da sie alle in der endlichen Gruppe G liegen, gilt $g^r = g^s$ für gewisse Exponenten $r < s$ aus $\mathbf{N}$. Es folgt $g^{s-r} = e$. Also gibt es Exponenten $k \in \mathbf{N}$ mit $g^k = e$. Es sei m der kleinste unter ihnen; dann ist $U = \{g, g^2, g^3, \ldots, g^m = e\}$ eine Untergruppe von G mit $|U| = m$. Nach Aufgabe 6 ist m ein Teiler der Primzahl p;

zusammen mit $m > 1$ folgt $m = p$ und damit $G = U$. Es ist aber U die multiplikativ geschriebene zyklische Gruppe der Ordnung $m = p$.

Aufgabe 8: Wie in Aufgabe 7 betrachte man die von g erzeugte Untergruppe $U = \{g, g^2, g^3, \ldots, g^m = e\}$ von G; dabei ist g ein beliebiges festes Element aus G und diesmal auch $g = e$ zugelassen (genau in diesem Fall wird $m = 1$). Nach Aufgabe 6 ist $|G|$ ein Vielfaches von m, etwa $|G| = n = dm$. Man potenziere die Gleichung $g^m = e$ mit d. Es folgt die Behauptung $g^n = e$.

§ 7

Aufgabe 1: Man führt den Beweis genauso wie in (4.1) oder in Aufgabe 5 von § 4. Beide Male wird die Kommutativität der Multiplikation wesentlich benutzt.

Aufgabe 2: Es ist $1 \in E$. Aus $a, b \in E$ folgt die Existenz von $a', b' \in R$ mit $aa' = bb' = 1$; also gilt auch $aa'bb' = ab(a'b') = 1$ und damit $ab \in E$. Die Multiplikation ist assoziativ in R, erst recht in E. Zu $a \in E$ gibt es ein $a' \in R$ mit $aa' = a'a = 1$; auch a' liegt daher in E, und a' ist multiplikatives Inverses von a.

Aufgabe 3: Aus $8x \equiv 11 \bmod 13$ folgt $40x \equiv 55 \bmod 13$ oder $x \equiv 3 \bmod 13$, und jedes $x \equiv 3 \bmod 13$ befriedigt die Ausgangskongruenz. Die Menge aller Lösungen besteht also aus allen ganzen Zahlen $x \equiv 3 \bmod 13$.

Aufgabe 4: Der letzten Kongruenz entnimmt man $z \equiv x + 3 \bmod 7$, der zweiten $y \equiv -2z \equiv -2(x+3) \equiv 1 - 2x \bmod 7$; Einsetzen in die erste liefert $-x \equiv 11 \bmod 7$ oder $x \equiv 3 \bmod 7$ und damit $y \equiv 2 \bmod 7$, $z \equiv 6 \bmod 7$. Diese x, y, z sind alle Lösungen; denn sie befriedigen das gegebene Kongruenzsystem.

Aufgabe 5: Es sei $I = \{0, a_1, a_2, \ldots, a_n\}$ ein endlicher Integritätsbereich und a eines der a_ν. Aus $aa_r = aa_s$ folgt $a(a_r - a_s) = 0$ und wegen der Nullteilerfreiheit $a_r = a_s$; also sind die Produkte $aa_1, aa_2, \ldots, aa_n$ alle verschiedenen und außerdem ungleich Null; sie liefern also in irgendeiner Reihenfolge alle a_ν. Deshalb ist eines dieser Produkte ax gleich a. Wir zeigen $bx = b$ für jedes $b \in I$; das heißt: x ist Einselement von I. Für $b = 0$ ist das klar; ist $b \neq 0$, so gilt $b = aa_\nu$ mit einem gewissen ν, und es folgt $bx = aa_\nu x = a_\nu(ax) = a_\nu a = aa_\nu = b$. Wir schreiben 1 für x. Eines der Produkte aa_ν ist Eins, und das betreffende a_ν ist das Inverse von $a \neq 0$ in I. Also ist I ein kommutativer Ring mit Einselement, und jedes $a \in I, a \neq 0$, besitzt ein Inverses. Das heißt: I ist ein Körper.

Aufgabe 6: Es sei p eine Primzahl. Ist n eine durch p teilbare natürliche Zahl, so gilt offenbar $n^p \equiv n \bmod p$. Zu zeigen bleibt noch: Ist $n \in \mathbf{N}$ nicht durch p teilbar, so gilt $n^{p-1} \equiv 1 \bmod p$. Für den Restklassenring $\mathbf{Z}_p$ lautet die Behauptung: Ist $a \in \mathbf{Z}_p$ und $a \neq 0$, so gilt $a^{p-1} = 1$. Nun ist $\mathbf{Z}_p$ sogar ein Körper, und a liegt in der multiplikativen Gruppe G des Körpers, die genau aus den $p - 1$ von Null verschiedenen Elementen von $\mathbf{Z}_p$ besteht. Nach Aufgabe 8 aus § 6 wird also $a^{|G|} = a^{p-1} = 1$.

§ 8

Aufgabe 1: Die U_i seien Unterräume des Vektorraums V über dem Körper K und $D = \cap U_i$ ihr Durchschnitt. Nach Aufgabe 4 aus § 6 ist D bezüglich der Addition eine Gruppe; sie ist abelsch, weil die Addition in V kommutativ ist. Ist $\lambda \in K$ und $\mathfrak{x} \in D$, so liegt $\lambda\mathfrak{x}$ in allen U_i, also auch in D. Die restlichen Forderungen an das Produkt $\lambda\mathfrak{x}$ sind bereits in V erfüllt, erst recht in D.

Aufgabe 2: Wir ermitteln zunächst die Gleichung der Ebene durch A, B, C. Das vektorielle Produkt $-10\mathfrak{n}_1 + 16\mathfrak{n}_2 - 4\mathfrak{n}_3$ der beiden Vektoren von A nach B und von A nach C steht auf dieser Ebene senkrecht. Wir können ihre Gleichung also in der Form $-10x + 16y - 4z + d = 0$ ansetzen und finden $d = -6$ durch Einsetzen der Koordinaten von A. Die Ebenengleichung ist also $5x - 8y + 2z + 3 = 0$ und in Hessescher Normalform $\frac{1}{\sqrt{93}}(5x - 8y + 2z + 3) = 0$.

a) Die Gerade durch P, Q hat die Gleichung

$$\mathfrak{x} = \begin{pmatrix} 1+\lambda \\ 1+2\lambda \\ 3-3\lambda \end{pmatrix};$$

Einsetzen von $x = 1 + \lambda, y = 1 + 2\lambda, z = 3 - 3\lambda$ in $5x - 8y + 2z + 3 = 0$ liefert $\lambda = \frac{6}{17}$. Der gesuchte Punkt S hat also die Koordinaten $\frac{23}{17}, \frac{29}{17}, \frac{33}{17}$.

b) Einsetzen von $x = 1, y = 1, z = 3$ in die linke Seite der Hesseschen Normalform liefert den Abstand $\frac{6}{\sqrt{93}}$. Der Ursprung und P liegen auf derselben Seite der Ebenen.

c) Die Gerade durch A, B hat die Gleichung

$$\mathfrak{x} = \begin{pmatrix} -1+2\lambda \\ 2\lambda \\ 1+3\lambda \end{pmatrix};$$

der Vektor von P zu einem beliebigen Punkt X dieser Geraden ist

$$\begin{pmatrix} -2+2\lambda \\ -1+2\lambda \\ -2+3\lambda \end{pmatrix},$$

und wir bestimmen λ so, daß das skalare Produkt dieses Vektors mit dem Richtungsvektor der Geraden durch A, B Null ist: $2 \cdot (-2 + 2\lambda) + 2 \cdot (-1 + 2\lambda) + 3 \cdot (-2 + 3\lambda) = 0$, also $\lambda = \frac{12}{17}$. Dieses λ liefert den Fußpunkt $F(\frac{7}{17}, \frac{24}{17}, \frac{53}{17})$ des Lotes von P auf die Gerade durch A, B, und der gesuchte Abstand PF wird $\frac{3}{\sqrt{17}}$.

Aufgabe 3: Das Parallelogramm habe die Seiten AB, BC, CD, DA; ihnen entsprechen die Vektoren $\mathfrak{a}, \mathfrak{b}, -\mathfrak{a}, -\mathfrak{b}$. Die Diagonalvektoren sind $\mathfrak{a}+\mathfrak{b}$ und $-\mathfrak{a}+\mathfrak{b}$. Die Behauptung lautet $(\mathfrak{a}+\mathfrak{b})^2 + (-\mathfrak{a}+\mathfrak{b})^2 = 2(\mathfrak{a}^2 + \mathfrak{b}^2)$, und das ist richtig.

Aufgabe 4: Die Gleichung der Ebene E_1 durch A, B, C bestimmt man wie in Aufgabe 2. Man bekommt $x + 2z = 0$. Die Gleichung von E_2 hat die Gestalt $x + 2z + d = 0$, und Einsetzen der Koordinaten von D ergibt $x + 2z - 7 = 0$. Die Koeffizienten $1, 0, 2$ von x, y, z in der Gleichung von E_1 liefern den Richtungsvektor und damit die Gleichung

$$\mathfrak{x} = \begin{pmatrix} -1+\lambda \\ 3 \\ 4+2\lambda \end{pmatrix}$$

von g.

Aufgabe 5: Das Mittellot auf einer Strecke ist der geometrische Ort aller Punkte, die von den Endpunkten der Strecke gleichen Abstand haben. Deshalb geht das Mittellot einer Dreieckseite durch den Schnittpunkt M der beiden anderen Mittellote. Wir fertigen uns nun die Skizze eines Dreiecks mit der Grundlinie AB und der Spitze C an und bezeichnen mit H, M, S die Schnittpunkte der Höhen, Mittellote und Seitenhalbierenden. Die Vektoren von S nach A, B, C, H, M nennen wir $\mathfrak{a}, \mathfrak{b}, \mathfrak{c}, \mathfrak{h}, \mathfrak{m}$. Der Lotvektor von A auf die Seite BC zum Fußpunkt F sei $\mathfrak{h}_A$.

Nun wird $\mathfrak{h} = \mathfrak{a} + \lambda\mathfrak{h}_A$ mit einem $\lambda \in \mathbf{R}$, und da $\mathfrak{h}_A$ auf dem Vektor $\mathfrak{c} - \mathfrak{b}$ von B nach C senkrecht steht, folgt

(1) $$\mathfrak{h}(\mathfrak{c} - \mathfrak{b}) = \mathfrak{a}(\mathfrak{c} - \mathfrak{b}).$$

Verlängert man AS über S hinaus bis zum Schnittpunkt A′ mit der Seite BC, so ist, wie wir bereits wissen, die Strecke SA doppelt so groß wie die Strecke SA′, der Vektor von S nach A′ also gleich $-\frac{1}{2}\mathfrak{a}$. Da das Mittellot A′M parallel zur Höhe AF verläuft, gibt es ein $\mu \in \mathbf{R}$ mit $\mathfrak{m} = -\frac{1}{2}\mathfrak{a} + \mu\mathfrak{h}_A$, und skalare Multiplikation mit $\mathfrak{c} - \mathfrak{b}$ liefert

(2) $$\mathfrak{m}(\mathfrak{c} - \mathfrak{b}) = -\frac{1}{2}\mathfrak{a}(\mathfrak{c} - \mathfrak{b}).$$

Aus (1) und (2) folgt

(3) $$(\mathfrak{h} + 2\mathfrak{m})(\mathfrak{c} - \mathfrak{b}) = 0.$$

Durch Vertauschung von A und C, $\mathfrak{a}$ und $\mathfrak{c}$, $\mathfrak{h}_A$ und $\mathfrak{h}_C$ (d. i. der Lotvektor von C auf die Seite AB) bekommt man analog

(4) $$(\mathfrak{h} + 2\mathfrak{m})(\mathfrak{a} - \mathfrak{b}) = 0.$$

Der Vektor $\mathfrak{h} + 2\mathfrak{m}$ kann nicht zugleich auf den Seiten BC und AB senkrecht stehen; also ist $\mathfrak{h} + 2\mathfrak{m}$ der Nullvektor.

Damit ist die Behauptung, H, S und M liegen auf einer Geraden, nachgewiesen; zugleich sieht man, daß S zwischen H und M liegt und $HS = 2SM$ ist.

Aufgabe 6: Wir bezeichnen mit

$$\mathfrak{a} = \begin{pmatrix} -2 \\ -1 \\ -2 \end{pmatrix}, \quad \mathfrak{b} = \begin{pmatrix} 1 \\ -1 \\ -1 \end{pmatrix}, \quad \mathfrak{c} = \begin{pmatrix} 1 \\ 2 \\ 3 \end{pmatrix}$$

die Seitenvektoren von B nach C, C nach A, A nach B, mit a, b, c ihre Beträge.

a) Es ist $\cos\alpha = \frac{1}{bc}(-\mathfrak{b})\mathfrak{c} = \frac{4}{\sqrt{42}}$, $\cos\beta = \frac{1}{ca}(-\mathfrak{c})\mathfrak{a} = \frac{10}{3\sqrt{14}}$,
$\cos\gamma = \frac{1}{ab}(-\mathfrak{a})\mathfrak{b} = -\frac{1}{3\sqrt{3}}$.

b) Es ist $F = \frac{1}{2}|\mathfrak{a}\times\mathfrak{b}| = \frac{1}{2}\sqrt{26}$.

c) Die arithmetischen Mittel der x-, y-, z-Koordinaten von A, B, C liefern $S(1, 2, \frac{7}{3})$.

d) Der Vektor $(\mathfrak{a}\times\mathfrak{b})\times\mathfrak{c}$ steht auf $\mathfrak{a}\times\mathfrak{b}$ und auf $\mathfrak{c}$ senkrecht und liefert daher einen Richtungsvektor für das Mittellot von AB; entsprechend ist $(\mathfrak{a}\times\mathfrak{b})\times\mathfrak{a}$ Richtungsvektor für das Mittellot von BC. Die Gleichungen der Mittellote in dieser Reihenfolge sind

$$\mathfrak{x}_1 = \frac{1}{2}\begin{pmatrix}3\\4\\5\end{pmatrix} + \lambda\begin{pmatrix}-18\\6\\2\end{pmatrix}, \quad \mathfrak{x}_2 = \frac{1}{2}\begin{pmatrix}2\\5\\6\end{pmatrix} + \mu\begin{pmatrix}11\\-8\\-7\end{pmatrix}$$

und $M(\frac{24}{13}, \frac{49}{26}, \frac{32}{13})$ ihr Schnittpunkt.

e) Es ist $r = \frac{3}{26}\sqrt{273}$ (ca. 1,9) die Länge von AM.

Aufgabe 7:

a) Die Geraden sind parallel. Ihr Abstand wird $\frac{1}{3}\sqrt{42}$.

b) Die Geraden sind nicht parallel; ihr Abstand ist $\frac{2}{\sqrt{14}}$.

Aufgabe 8:

a) Es ist $F = \frac{1}{2}ch_C$, und $h_C = \frac{1}{2c}\sqrt{(a+b+c)(a+b-c)(a-b+c)(-a+b+c)}$ ist bereits in (8.5) ausgerechnet. Man setze $a+b+c = 2s$, also $a+b-c = 2(s-c)$, $a-b+c = 2(s-b)$, $-a+b+c = 2(s-a)$. Es folgt $F = \sqrt{s(s-a)(s-b)(s-c)}$.

b) Jede Winkelhalbierende ist der geometrische Ort aller Punkte, die von den Schenkeln des Winkels gleichen Abstand haben. Deshalb schneiden sich die Winkelhalbierenden des Dreiecks ABC in einem Punkt W, dem Mittelpunkt des Inkreises, und die Lote von W auf die Seiten des Dreiecks haben alle die Länge ρ. Die Flächen der Dreiecke ABW, BCW, CAW sind also $\frac{1}{2}c\rho$, $\frac{1}{2}a\rho$, $\frac{1}{2}b\rho$, und es ist $F = \rho\cdot s$ ihre Summe. Hieraus ergibt sich mit a)

$$\rho = \sqrt{\frac{(s-a)(s-b)(s-c)}{s}}.$$

c) Es sei γ der Dreieckwinkel bei C. Ist M der Mittelpunkt des Umkreises und C′ die Mitte von AB, so ist der Zentriwinkel AMB gleich 2γ, also der Winkel AMC′ ebenfalls gleich γ. Diesem Dreieck entnimmt man $\sin\gamma = \frac{c}{2r}$. Es folgt $F = \frac{1}{2}ah_A = \frac{1}{2}ab\sin\gamma = \frac{abc}{4r}$. Hieraus ergibt sich mit a)

$$r = \frac{abc}{4\sqrt{s(s-a)(s-b)(s-c)}}.$$

Aufgabe 9: Für die Vektoren von A nach C', von B nach A' und von C nach B' schreiben wir $\lambda\mathfrak{c}, \mu\mathfrak{a}, \nu\mathfrak{b}$; dabei sind $\mathfrak{c}, \mathfrak{a}, \mathfrak{b}$ die Vektoren von A nach B, von B nach C und von C nach A und λ, μ, ν reelle Zahlen zwischen Null und Eins je ausschließlich. Für den Schnittpunkt T von AA' und BB' bekommen wir in Gestalt des Vektors von A nach T

$$\begin{aligned} & x(\mathfrak{c} + \mu\mathfrak{a}) = \mathfrak{c} + y(\mathfrak{a} + \nu\mathfrak{b}) \\ \Rightarrow\ & \mathfrak{a}(x\mu - y(1-\nu)) + \mathfrak{c}(x - 1 + y\nu) = \mathfrak{o} \\ \Rightarrow\ & x\mu = y(1-\nu) \text{ und } x = 1 - y\nu \\ \Rightarrow\ & x = \frac{1-\nu}{1-\nu+\nu\mu}. \end{aligned}$$

Für den Schnittpunkt T^* von AA' und CC' bekommen wir in Gestalt des Vektors von A nach T^*

$$\begin{aligned} & x^*(\mathfrak{c} + \mu\mathfrak{a}) = -\mathfrak{b} + z(\mathfrak{b} + \lambda\mathfrak{c}) \\ \Rightarrow\ & \mathfrak{a}(x^*\mu - 1 + z) + \mathfrak{c}(x^* - 1 + (1-\lambda)z) = \mathfrak{o} \\ \Rightarrow\ & z = 1 - \mu x^* \text{ und } x^* = 1 - (1-\lambda)z \\ \Rightarrow\ & x^* = \frac{\lambda}{1-\mu+\mu\lambda}. \end{aligned}$$

Genau dann gilt $T = T^*$, wenn $x = x^*$ oder $(1-\nu)(1-\mu+\mu\lambda) = \lambda(1-\nu+\nu\mu)$ oder $\lambda\mu\nu = 1 - \lambda - \mu - \nu + \lambda\mu + \lambda\nu + \mu\nu - \lambda\mu\nu = (1-\lambda)(1-\mu)(1-\nu)$ ist. Letzteres bedeutet $AC' \cdot BA' \cdot CB' = A'C \cdot B'A \cdot C'B$.

Aufgabe 10: Es gilt $d(A, A) = 0$ und $d(A, B) > 0$ für $A \neq B$, ferner $d(A, B) = d(B, A)$. Schließlich ist $d(A, C) \leqslant d(A, B) + d(B, C)$ zu zeigen. Wir schreiben

$$\begin{aligned} d(A, B) &= |A| + |B| - 2|A \cap B|, \\ d(B, C) &= |B| + |C| - 2|B \cap C|, \\ d(A, C) &= |A| + |C| - 2|A \cap C|; \end{aligned}$$

die Behauptung lautet dann $|B| \geqslant |A \cap B| + |B \cap C| - |A \cap C|$, und das ist richtig, weil rechts nur Elemente aus B, und zwar jeweils höchstens einmal, gezählt werden.

§ 9

Aufgabe 1: In jedem Intervall I liegt wenigstens eine rationale Zahl $q = q(I)$. Sind nämlich die reellen Zahlen $a < b$ Elemente von I, so gibt es ein kleinstes $n \in \mathbf{N}$ mit $\frac{1}{n} < b - a$ und ein $m \in \mathbf{Z}$, das man eindeutig festlegen kann, mit $\frac{m}{n} = q \in I$. Diese Zahlen $q(I)$ entsprechen eineindeutig den gegebenen disjunkten Intervallen I. Die Menge M aller $q(I)$ ist als Teilmenge von $\mathbf{Q}$ endlich oder abzählbar.

Aufgabe 2: Es sei $A = \{x : x \in \mathbf{R}, 0 < x < 1\}$; dann gilt $A \subset I \subset \mathbf{R}$, also $|A| \leqslant |I| \leqslant |\mathbf{R}|$. Können wir die Gleichmächtigkeit von A und $\mathbf{R}$ nachweisen, so folgt unter Benutzung unserer Feststellungen am Beginn von (9.3) auch $|I| = |\mathbf{R}|$.

Anstelle von $|A| = |\mathbf{R}|$ zeigen wir gleichwertig $|B| = |\mathbf{R}|$, wobei $B = \{x : x \in \mathbf{R}, -\frac{1}{2} < x < \frac{1}{2}\}$ ist. Dazu seien $I_P = \{x : x \in B, 0 < x < \frac{1}{2}\}$, $I_N = \{x : x \in B, -\frac{1}{2} < x < 0\}$ und $P = \{x : x \in \mathbf{R}, x > 0\}$, $N = \{x : x \in \mathbf{R}, x < 0\}$, also $B = I_P \cup \{0\} \cup I_N$ sowie $\mathbf{R} = P \cup \{0\} \cup N$. Wir definieren nun eine bijektive Abbildung von $\mathbf{R}$ auf B, die die Null festläßt, P in I_P und N in I_N überführt.

Eine bijektive Abbildung f von P auf I_P erhalten wir aus der folgenden geometrischen Veranschaulichung: In einem rechtwinkligen cartesischen Koordinatensystem verbinde man jeden Punkt $(x, 0), x \in P$, des positiven Teils der x-Achse mit dem Punkt $(-\frac{1}{2}, \frac{1}{2})$ geradlinig. Jedem $x \in P$ entspricht dadurch umkehrbar eindeutig ein Schnittpunkt $(0, y), y \in I_P$, mit der y-Achse. Für den Leser, der eine Formel sehen will, geben wir noch die Abbildung $f: P \to I_P$ an: $y = f(x) = \frac{x}{1 + 2x}$. Es folgt $|P| = |I_P|$ und ganz analog $|N| = |I_N|$, insgesamt also auch $|B| = |\mathbf{R}|$.

Aufgabe 3: Wäre $\sqrt{2} + \sqrt{3}$ rational, so auch $(\sqrt{2} + \sqrt{3})^2 = 5 + 2\sqrt{6}$ und $2\sqrt{6}$. Auch $\sqrt{6}$ müßte dann rational sein, und das ist nicht der Fall.

Aufgabe 4: In anderer Formulierung wird behauptet, daß es zu jedem $\xi \in \mathbf{Q}$ nur endlich viele $\frac{p}{q}$ $(p \in \mathbf{Z}, q \in \mathbf{N})$ mit $\left|\xi - \frac{p}{q}\right| < \frac{1}{q^2}$ gibt, zu jeder reellen Zahl $\xi \notin \mathbf{Q}$ dagegen unendlich viele. Ist $\xi = \frac{a}{b}$ mit $a \in \mathbf{Z}, b \in \mathbf{N}$, so wird

$$(1) \qquad \left|\xi - \frac{p}{q}\right| = \frac{|aq - bp|}{|bq|} \geqslant \frac{1}{bq},$$

wenn nicht gerade $\frac{a}{b} = \frac{p}{q}$ war. Ist nun die linke Seite kleiner als $\frac{1}{q^2}$, so folgt $q < b$ und daraus die Existenz höchstens endlich vieler Näherungsbrüche $\frac{p}{q}$ der verlangten Beschaffenheit. Etwas schwieriger ist es, die Richtigkeit der zweiten Behauptung nachzuweisen. Angenommen, die reelle Zahl $\xi \notin \mathbf{Q}$ besitzt nur die endlich vielen Näherungsbrüche $\frac{p_\nu}{q_\nu}$ $(p_\nu \in \mathbf{Z}, q_\nu \in \mathbf{N})$ mit

$$(2) \qquad \left|\xi - \frac{p_\nu}{q_\nu}\right| < \frac{1}{q_\nu^2} \quad (1 \leqslant \nu \leqslant N).$$

Im Widerspruch zu dieser Annahme werden wir ein $\frac{p}{q}$ mit $\left|\xi - \frac{p}{q}\right| < \frac{1}{q^2}$ finden, das von allen $\frac{p_\nu}{q_\nu}$ verschieden ist. Keines der endlich vielen $\frac{p_\nu}{q_\nu}$ in (2) fällt mit der irrationalen Zahl ξ zusammen; deshalb gibt es ein $n \in \mathbf{N}$ mit

$$(3) \qquad \left|\xi - \frac{p_\nu}{q_\nu}\right| > \frac{1}{n}$$

für alle ν. Wir bezeichnen nun mit $[x]$ die größte ganze Zahl kleiner oder gleich $x \in \mathbf{R}$, setzen $(x) = x - [x]$ und betrachten die $n + 1$ Zahlen $(0\xi), (1\xi), (2\xi), \ldots, (n\xi)$ zwischen Null (einschließlich) und Eins (ausschließlich). Zwei von ihnen, etwa $(r\xi)$ und $(s\xi), r < s$, müssen einen Abstand kleiner als $\frac{1}{n}$ haben: $|(s\xi) - (r\xi)| < \frac{1}{n}$. Setzt man $s - r = q$ und $[s\xi] - [r\xi] = p$, so kann man zwischen den Betragstrichen auch $q\xi - p$ mit der ganzen Zahl p und der natürlichen Zahl q schreiben, und es folgt

$$\left|\xi - \frac{p}{q}\right| < \frac{1}{qn}.$$

Hieraus lesen wir wegen $1 \leqslant q \leqslant n$ die beiden Ungleichungen $\left|\xi - \frac{p}{q}\right| < \frac{1}{q^2}$ und $\left|\xi - \frac{p}{q}\right| < \frac{1}{n}$ ab; die letzte Abschätzung sichert in Verbindung mit (3), daß $\frac{p}{q}$ mit keinem der $\frac{p_\nu}{q_\nu}$ übereinstimmt, womit der angekündigte Widerspruch entstanden ist.

§ 10

Aufgabe 1:

a) Es ist

$$\left|\frac{3(2+i)(3-2i)}{(4+7i)(1-2i)}\right| = \frac{|3|\cdot|2+i|\cdot|3-2i|}{|4+7i|\cdot|1-2i|} = \frac{3\sqrt{5}\sqrt{13}}{\sqrt{65}\sqrt{5}} = \frac{3}{\sqrt{5}}.$$

b) Es ist

$$\left|2 - i + \frac{3-4i}{2+i}\right| = \left|\frac{8-4i}{2+i}\right| = \frac{|8-4i|}{|2+i|} = \frac{\sqrt{80}}{\sqrt{5}} = 4.$$

Aufgabe 2:

a) Es sei $z = x + iy$ $(x, y \in \mathbf{R})$. Gleichbedeutend mit $\operatorname{Re} z^2 = 0$ ist $x^2 - y^2 = (x + y)(x - y) = 0$. Der gesuchte geometrische Ort besteht also aus den beiden Winkelhalbierenden $y = \pm x$.

b) Im $z^2 = 2$ bedeutet $xy = 1$. Das ist eine Hyperbel.

c) Gegeben sind zwei feste Punkte $a, b \in \mathbf{C}, a \neq b$. Gesucht ist der geometrische Ort aller Punkte z, für die der Quotient der Abstände $|z - a|, |z - b|$ von diesen Punkten konstant gleich $q > 0$ $(q \in \mathbf{R})$ ist. Im voraus wissen wir: Für $q = 1$ ergibt sich das Mittellot auf der Verbindungsstrecke von a und b. Für $q \neq 1$ erhalten wir $|z - a| = q|z - b|$, und wegen $q > 0$ ist dies gleichwertig mit $|z - a|^2 = q^2|z - b|^2$ oder $(z - a)(\overline{z} - \overline{a}) = q^2(z - b)(\overline{z} - \overline{b})$; dabei haben wir die Regeln (5) und (7) aus (10.2) benutzt. Ausgerechnet ist das

$$z\overline{z}(1 - q^2) - (\overline{a} - \overline{b}q)z - (a - bq)\overline{z} = q^2 b\overline{b} - a\overline{a}.$$

Indem wir auf beiden Seiten die Zahl $\frac{(\bar{a} - \bar{b}q)(a - bq)}{1 - q^2}$ addieren und durch $1 - q^2 \neq 0$ dividieren, erhalten wir nach kurzer Rechnung

$$\left(z - \frac{a - bq}{1 - q^2}\right)\left(\bar{z} - \frac{\bar{a} - \bar{b}q}{1 - q^2}\right) = \frac{q^2}{(1 - q^2)^2}(a - b)(\bar{a} - \bar{b}) > 0,$$

also mit $c = \frac{a - bq}{1 - q^2}$ und $r = \frac{q}{|1 - q^2|}|a - b|$ schließlich

$$|z - c| = r.$$

Dies ist die Gleichung des Kreises um den Punkt c mit dem Radius r. Der Mittelpunkt c dieses Kreises von *Apollonius* liegt, wie man der Anschauung entnimmt, auf der Verbindungsgeraden von a und b. Man fertige sich eine Skizze an für $q = 1$ und Werte von q kleiner und größer als Eins.

Aufgabe 3:
a) Es ist $2 - 2i = 2\sqrt{2}\,\{\cos(\frac{7\pi}{4} + 2k\pi) + i \sin(\frac{7\pi}{4} + 2k\pi)\}, k \in \mathbf{Z}$. Die dritten Wurzeln sind

$$z_1 = \sqrt{2}(\cos\frac{7\pi}{12} + i \sin\frac{7\pi}{12}),$$

$$z_2 = \sqrt{2}(\cos\frac{5\pi}{4} + i \sin\frac{5\pi}{4}),$$

$$z_3 = \sqrt{2}(\cos\frac{23\pi}{12} + i \sin\frac{23\pi}{12}).$$

Die Kosinus- und Sinuswerte in den Klammern lassen sich ausrechnen. Zunächst ist $\cos\frac{5\pi}{4} = -\frac{1}{\sqrt{2}}$, $\sin\frac{5\pi}{4} = -\frac{1}{\sqrt{2}}$. Ferner bekommt man mit Hilfe der Additionstheoreme

$$\cos\frac{7\pi}{12} = \cos(\frac{\pi}{4} + \frac{\pi}{3}) = \frac{1}{\sqrt{2}}\cdot\frac{1}{2} - \frac{1}{\sqrt{2}}\cdot\frac{1}{2}\sqrt{3},$$

$$\sin\frac{7\pi}{12} = \sin(\frac{\pi}{4} + \frac{\pi}{3}) = \frac{1}{\sqrt{2}}\cdot\frac{1}{2} + \frac{1}{\sqrt{2}}\cdot\frac{1}{2}\sqrt{3},$$

$$\cos\frac{23\pi}{12} = \cos(\frac{5\pi}{4} + \frac{2\pi}{3}) = \frac{1}{\sqrt{2}}\cdot\frac{1}{2} + \frac{1}{\sqrt{2}}\cdot\frac{1}{2}\sqrt{3},$$

$$\sin\frac{23\pi}{12} = \sin(\frac{5\pi}{4} + \frac{2\pi}{3}) = \frac{1}{\sqrt{2}}\cdot\frac{1}{2} - \frac{1}{\sqrt{2}}\cdot\frac{1}{2}\sqrt{3}.$$

Die Resultate lauten also $z_1 = \frac{1}{2}(1 - \sqrt{3}) + \frac{i}{2}(1 + \sqrt{3})$, $z_2 = -1 - i$, $z_3 = \frac{1}{2}(1 + \sqrt{3}) + \frac{i}{2}(1 - \sqrt{3})$.

b) Man schreibt $1 = \cos 2k\pi + i \sin 2k\pi, k \in \mathbf{Z}$, und bekommt die sechsten Wurzeln $z_{1,4} = \pm 1$, $z_{2,5} = \pm(\frac{1}{2} + \frac{i}{2}\sqrt{3})$, $z_{3,6} = \pm(-\frac{1}{2} + \frac{i}{2}\sqrt{3})$.

c) Man setze $z^2 = w$. Die Auflösung von $w^2 - (5 + 8i)w + 48 - 20i = 0$ ergibt

$$w_{1,2} = \frac{5+8i}{2} \pm \sqrt{\frac{-39+80i}{4} - 48 + 20i}$$
$$= \frac{5+8i}{2} \pm \sqrt{\frac{-231+160i}{4}}.$$

Der Zähler unter der Wurzel ist das Quadrat von $5 + 16i$; wenn man das nicht sieht, führt ein Ansatz der Gestalt $(x + iy)^2 = (x^2 - y^2) + 2ixy = -231 + 160i$, also $x^2 - y^2 = -231$ und $2xy = 160$, und Ausrechnen von $x, y \in \mathbf{R}$ zum Ziel. Damit bekommt man $w_1 = -4i$ und $w_2 = 5 + 12i$. Die Gleichung $z^2 = -4i$ liefert durch Wurzelziehen nach bekanntem Muster die ersten beiden Nullstellen $z_{1,2} = \pm\sqrt{2}(-1 + i)$ von $z^4 - (5 + 8i)z^2 + 48 - 20i$. Die beiden Wurzeln aus w_2 kann man mit $x + iy$ ansetzen oder raten und bekommt $z_{3,4} = \pm(3 + 2i)$. Damit hat man alle vier Nullstellen z_ν von $z^4 - (5 + 8i)z^2 + 48 - 20i$ gefunden.

Aufgabe 4: Es sei $\frac{2\pi}{5} = \alpha$. Dann ist $(\cos\alpha + i \sin\alpha)^5 = \cos 5\alpha + i \sin 5\alpha = 1$. Man entwickle nach dem binomischen Lehrsatz und vergleiche die Imaginärteile auf beiden Seiten der Gleichung $(\cos\alpha + i \sin\alpha)^5 = 1$. Mit $\sin^2\alpha = 1 - \cos^2\alpha$ bekommt man

$$(16\cos^4\alpha - 12\cos^2\alpha + 1)\sin\alpha = 0$$

und, da $\sin\alpha$ nicht Null ist,

$$16\cos^4\alpha - 12\cos^2\alpha + 1 = 0.$$

Dies ist eine quadratische Gleichung für $\cos^2\alpha$ mit den Lösungen

$$\frac{1}{8}(3 \pm \sqrt{5}).$$

Da $\cos^2\alpha$ kleiner als $\frac{1}{2}$ ist, folgt

$$\cos^2\alpha = \frac{1}{16}(6 - 2\sqrt{5}),$$

also $\cos\frac{2\pi}{5} = \frac{1}{4}(\sqrt{5} - 1)$. Hieraus ergibt sich noch, daß $\cos\frac{2\pi}{5}$ und damit das regelmäßige Fünfeck mit Zirkel und Lineal konstruiert werden kann.

Aufgabe 5: Angenommen, es gäbe ein $n \in \mathbf{N}$ mit $(\frac{2+i}{2-i})^n = 1$. Dann wäre auch

$$(\frac{2+i}{2-i})^{2n} = (\frac{3+4i}{3-4i})^n = 1.$$

Für $n = 1$ ist das sicher nicht der Fall. Quadriert man $\frac{3+4i}{3-4i}$, so ergibt sich

$$\frac{-7+24i}{-7-24i} = \frac{3+4i+5(-2+4i)}{3-4i+5(-2-4i)}.$$

Multiplikation der rechten Seite mit $\frac{3+4i}{3-4i}$ zeigt: Alle Potenzen von $\frac{3+4i}{3-4i}$ haben die Gestalt

$$\frac{3+4i+5(a+bi)}{3-4i+5(a-bi)} \quad (a, b \in \mathbf{Z}).$$

Wäre eine von ihnen gleich Eins, so hieße das $8i + 10bi = 0$ oder $4 + 5b = 0$ im Widerspruch zu $b \in \mathbf{Z}$.

Namen- und Sachverzeichnis